図解

自衛隊の秘密組織「別班」の真実

時任兼作 ほか

宝島社

まえがき

「別班」の存在と、スパイ組織

2023年のドラマで大きな話題になったのがTBSドラマ『VIVANT』だ。その主人公は自衛隊の秘密組織「別班」のメンバーであるという設定だった。そして、その「別班」を取り上げた講談社現代新書『自衛隊の闇組織　秘密情報部隊「別班」の正体』（石井暁著）も18年発行の本だが、ベストセラーに名を連ねた。

本書では、これらの話題を受けて、本当に別班は存在するのか。その歴史と最新情報をビジュアルと共に解説する。さらに、巻頭では、TBSドラマ『VIVANT』の戦闘シーンが作り話でしかないのか、本当に可能なのか、元自衛隊員で特殊部隊を創設した伊藤祐靖氏に検証してもらった。

さらに、後半では、世界と日本のスパイ組織を取り上げ、さらに戦後のスパイ事件簿も取り上げている。この一冊で、別班から世界のスパイ組織の全貌がわかってもらえると思う。

世界各国で古代からスパイは存在していた

古代からスパイは存在した。『旧約聖書』にはさまざまな間諜（スパイ）の話があり、それはすでに創世記に登場する。当時、エジプト国境では間諜の出入りを警戒していたことがそこには書かれている。

紅海を渡り、出エジプトを果たしたモーセは、カナンの地を目指す。その遠征を始める前に、モーセは先々の情報を得るために12人の密偵を放っている。彼らは後にイスラエルの12部族の長となるのだが、つまりは情報を得ることがいかに大切かということを、その時代から彼らは理解していたということだ。

中国の春秋戦国時代にも、スパイは多用されていた。よく知られる兵書『孫子』では、13篇のうちの最終篇のタイトルが『用間篇』である。間とは間者、つまりはスパイのことで、スパイの用い方という意味の章である。

その章には、こんな言葉がある。

「およそ軍の撃たんと欲するところ、城の攻めんと欲するところ、人の殺さんと欲するところは、必ずまずその守将、左右、謁者、門者、舎人の姓名を知り、わが間をして必ずこれを索知せしむ」

ほかにも、まさに戦争に勝つための名言が続いている。よく知られている言葉に、『謀攻篇』の「彼を知り己を知れば、百戦して殆《あやう》からず」というものがある。敵の情報を知っていれば、百回戦っても負けることはないという、まさにスパイの必要性を説いた根幹のような言葉である。

日本の武将である武田信玄は、この『孫子』を愛読していたと伝わっているが、やはり信玄も間者・忍者を使うのが得意であった。武田信玄の旗印、風林火山とは、まさに『孫子』の一節から取られた言葉である。

ヨーロッパで生まれた近代的情報組織

古代からスパイ活動は常に政治と戦争の場で重視されていたが、中世ヨーロッパでは特にそれが顕著で、そのスパイ活動の伝統が、近代スパイを生み出すことになる。

いわゆる情報組織・諜報機関といったものは、ヨーロッパで生まれ、そしてそのまま現代にまで受け継がれることとなる。

ここで誤解されてしまっては困るのだが、スパイ、情報組織の本質は、自国の生き残りのための活動であるということだ。戦争に勝つということは、その根本は他者を従えるためではなく、滅ぼされないためなのだ。

現代社会では、敵国だけではなく テロ行為を行う個人も調査対象に

確かに、侵略行為をするためにも情報は使えるし、侵略のために戦争をするということもないわけではない。それでも、やはり戦争の本質は自己保存という消極的なものなのだ。

スパイ行為も同様で、本来的には自国の平和のための行為である。簡単に言ってしまえば、敵がいなければスパイ行為は不要であるし、周辺国が信頼できる友邦ばかりであれば、ここでもやはりスパイ行為は不要となる。

とはいえ、実際に敵国が存在しない状況というものはなく、結局は周囲が自国を攻めるつもりがあるのかないのか、攻めるとすればいつなのかということを知る必要はあり、スパイ活動もまた、世の中からなくなることはないのだ。

世の中が情報であふれているような現代では、スパイ活動もその雑多な情報の多くを解析しなくてはならず、大変である。

また、以前であれば、敵国や周辺国のみを調べていればよかったのだが、現在ではテロ活動が横行し、庶民の中に敵が混ざり込んでいるため、情報組織の仕事は非常に困難になりつつある。

強引な外交、身勝手な戦争を繰り返すアメリカ合衆国などは、アメリカを恨む相手、敵対する国・人間が多く、まさに世界中の人々を一人一人調べないと安心できない立場となってしまっている。そして彼らは、それに本気で取り組んだ。

その結果、我々の日々の電話ですら、アメリカの情報組織は盗聴している。ある意味で、それは敵を作りすぎたが故の悲劇でもある。しかし、アメリカにはそれを可能とする技術と予算と人員があり、そのシステムはすでに構築され、稼働している。

情報組織とは、もはや遠くの存在ではなく、実は我々の生活そのものが常に彼らに監視されているほどに、身近な存在なのだ。

我々を監視する彼らに対し、対応する術《すべ》があるのかどうかはわからないが、彼らが何ものか、どのような組織があるのかを知ることは、現在の政治情勢を知るために、これから世の中がどう変化するのか予測するために、絶対に必要なことなのである。

別冊宝島編集部

（写真：アフロ

（写真：アフロ）

第一章

自衛隊の秘密組織「別班」の歴史と最新情報

特集

第二章

世界の主要国のスパイ組織と日本との関係

第三章
世界各国のスパイ組織

第四章
日本のスパイ組織

（写真：アフロ）

（写真：アフロ）

第五章

スパイ事件簿

巻頭企画

検証！ドラマ『VIVANT』の戦闘シーンは可能か？

TBSドラマ『VIVANT』には様々な戦闘シーンが描かれる。自衛隊の秘密組織「別班」のメンバーたちが繰り広げる人間離れの戦闘シーン。それが本当に可能か、自衛隊初の特殊部隊を作った元自衛隊員の伊藤祐靖氏が検証する。現在、伊藤氏は自衛隊を含む世界の警察や軍隊に指導する立場にある。本物のプロが見た戦闘シーンは、本物か作り物か、明らかになる。

著／編集部　イラスト／泉州HIGE工房

第1話と第5話

倒れながら、自爆テロリストの手を撃ちぬけるか？

ドラマの第一話で、主人公の乃木憂助はバルカ共和国まで、奪われた140億円の金を求めて旅立つ。しかし、その金はテロリストに渡っていた。そのテロリストを追って隠れ家に潜入した乃木であったが、テロリストは自爆テロを起こし、その爆風で乃木は大けがを負う。

だが、同時に、現場にいた多くの人々は、その爆風で死んでしまう。しかし、乃木は助かった。それはテロリストを追っていた警視庁外事課の刑事、野崎がテロリストの手を撃ち抜き、爆弾のスイッチを撃ち飛ばしたからだった。そして、テロリストがスイッチを拾っている間に野崎は乃木をギリギリのところで助けた。

伊藤祐靖（いとう すけやす）

1964年、東京都生まれ。陸軍中野学校で活躍した父を持つ。茨城県で育ち、日本体育大学から海上自衛隊に入隊。防衛大学校指導教官、護衛艦「たちかぜ」砲術長を経て、「みょうこう」航海長在任中の1999年に能登半島沖不審船事案に遭遇。これをきっかけに全自衛隊初の特殊部隊である海上自衛隊「特別警備隊」の創設に加わった。2007年退官。後にフィリピン・ミンダナオ島で自らの技術を磨き直し、現在は、自衛隊も含め世界各国の警察、軍隊の指導に務める。最新著作は『陸軍中野学校外伝 蔣介石暗殺命令を受けた男』（角川春樹事務所）。他に『国のために死ねるか 自衛隊「特殊部隊」創設者の思想と行動』（文春新書）などがある。

これが第一話のシーンである。しかし、その裏にもうひとつの真実があった。第五話で明らかにされるが、野崎が銃で手を撃ちぬいた瞬間に、同じくして乃木もズボンに隠した銃を抜いてテロリストのスイッチを持つ手を撃ちぬいていたのだ。

これで野崎は乃木が「別班」であることを確信するが、こんなことが可能なのだろうか。テロリストから逃げるように後ろにのけ反りながら、正確にテロリストの手を撃ちぬけるのだろうか。

「可能です。かなり正確に撃てます。ドラマでは脚は宙に浮いていますが、もし、膝を立てた脚の上に、もう一方の脚を乗せれば、まず、間違いなく手を撃ちぬけます。

脚が宙に浮いていても、それを支えにして銃を乗せ、標準と目と相手の手が一直線になった瞬間に撃ちぬけば、手に当たります」（伊藤氏）

イラストでは膝を立てたパターンにし、視線が一直線になっているところを点線で示している。ただし、もちろん、誰でもできるわけではない。自衛隊の中でも訓練を積んだ特殊部隊のメンバーなら可能ということだ。実際、編集者も体を倒しながら撃つ真似事をしてみたが、体を倒している過程で、腹筋が悲鳴を上げ、お腹が引き攣ってしまった。

第3話

灼熱の砂漠で何十時間も生きることは可能か？

主人公の乃木と、彼を介抱した医師の柚木、そして刑事の野崎は、バルカ共和国の警察から逃れるために、横断することが不可能であり、「死の砂漠」とまで言われる場所に踏み込んでいく。

それは、死の砂漠など誰も横断することはないから、そこに追手は来ないだろうという野崎の判断であった。検証者の伊藤氏は言う。

「医学的にできるかどうかは、私にはわかりません。しかし、炎天下で灼熱地獄であるということを除いても、砂漠を逃げるということはしません。見渡す限りの広大な砂漠だと、自らの身を隠すことはできません。どこからでも見えてしまいます。追手からすれば非常に狙いやすいと言えます。さらに、逃げるとすれば、暗くなり砂漠の気温が下がる夜でしょう。わざわざ炎天下で、自らの身をさらす昼間に移動することはあり得ません」

ドラマの設定上、このようなシーンをあえて作ったのだろうから、仕方がないともいえるが、やはり、「死の砂漠」は「死の砂漠」なのだ。無理がありすぎる設定と言えるだろう。そもそも、冒頭のシーンで砂漠に逃げた乃木親子は、すぐに見つかって捕まっているのだから。

第5話

逃げる相手の眉間を射抜くことは可能か？

バルカ共和国でビジネスの相手であったアリは、実はテロリストグループ「テント」のメンバーであった。「別班」で主人公の乃木は仲間の黒須と共に、そのアリから「テント」のリーダーを聞き出すため、家族を人質にとろうとアジトとなっている一室に向かう。

そこには、3人のテロリストグループのメンバーがいた。部屋のドアを開けた瞬間、銃を向けつつ逃げようとするテロリストを、乃木と黒須が、3発で、相手の眉間を撃ちぬき一息で仕留めている。これは可能なのだろうか。

「可能だと思います。ただし、止まって撃つことはありません。私なら、相手に向かいながら数発、銃を撃ちます。頭蓋骨はかなり頑丈で、顔面を撃つとしても、上下なら目から口の間、左右なら左右の目じりの間に命中させないと、相手を倒せません。少しでも相手が避ければ、そこを撃ちぬけない可能性があります。

だからこそ、相手に接近しつつ、数発撃つのです。そうすれば、より顔面に命中する可能性が高まります。もし、私の部下が、止まって撃っていたら、厳しく指導します」（伊藤氏）

第6話

投げたバナナにナイフを投げて刺すことは可能か？

超腕の立つ女性ハッカーの太田に協力を得ようとする「別班」の乃木は、その太田から「別班」であることを証明するようナイフを渡される。

乃木は、そのナイフを仲間の黒須に渡し、壁際に沿って放かごにある果物のバナナを取り出して、仲間の黒須に渡し、壁際に沿って放り投げた。仲間の黒須は、そのバナナを横からナイフを投げて、壁に突き刺した。こんなことが可能なのだろうか？　伊藤氏に聞いた。

「まず、無理でしょう。一度試してみてください。例えば石をゆっくり投げてもらって、それを横から石でぶつける。できそうでしょうが、何度やっても、できないでしょう。

投げられているバナナを、ナイフを投げて刺すということは、私にはできません。

ただし、相当、訓練すれば、できるかもしれません。が、その訓練にかかる時間を考えると、そのような技を習得する意味があるとは思えません。もっと他に習得すべきことがあると思います」

投げたバナナに、ナイフを刺すことができるからこそ、確かに「別班」のスゴ技なのかもしれない。が、費用対効果を考えると、もっとやるべきことがあるのだろう。

第7話

殺さずに心臓ギリギリに撃つことは可能か？

テロリストグループ「テント」に潜入するため、「別班」の仲間を裏切った主人公の乃木。仲間の心臓を銃で撃ちぬいた。黒須にはギリギリのところでかわされたが、他の4人のメンバーはその場に倒れてしまった。

しかし、その後の展開の中で、実際は、その4人とも、心臓と動脈をギリギリに避けて弾は当たっており、一命をとりとめていたことがわかる。

だが、こんなことが可能だろうか。心臓と動脈を避けてギリギリのところを撃ちぬくなんてことが。

「私にはできません。

まず、無理だと思いますよ。心臓の周りには動脈に限らず、多くの血管があり、肺とつながっています。かなりびっしり詰まっています。どこを撃っても致命傷になります。解剖をしたことのある医学生なら、すぐわかることです。それらを避けつつ、ギリギリを撃ちぬくのは、それも、4人を撃ちぬくのは、無理でしょう」（伊藤氏）

神技というより、神もできない技なのかもしれない。心臓と肺の構造は神様が人間にくれた奇跡の仕組みなのだ。そこは撃ちぬく場所ではない。

第8話

人を傷つけず、猿轡《さるぐつわ》を銃で破壊することは可能か？

「可能です」

伊藤氏は、軽く答えた。

「なおかつ、撃たれる方も至近距離なので、銃口が見えますから、自分が狙われていないとわかるはずですが……」

テロリストグループ「テント」に捕らわれてしまった「別班」の黒須。「テント」のリーダーは、「別班」を裏切った乃木に、黒須を殺すよう命じる。乃木は顔のすぐ目の前から、銃口を黒須に向ける。そして、弾は発射された。

しかし、それは顔を少しそれて、黒須の口にはめられている猿轡を破壊した。

こんなことは可能なのか、伊藤氏に聞くと、冒頭の答えだった。

「指鉄砲を作って、相手に向けてみてください。至近距離であれば、相手はだれでも、自分の顔面の致命傷になるあたりを狙っているか、そうでないか。すぐわかりますよ」

しかし、ドラマでは、黒須は本当に殺されるかと非常にビビっていた。「別班」の精鋭である黒須なら、本当に狙われているか、狙われてないかわかるはずだが、どうなのだろう。

第10話

3人に狙われた人質を傷つけず助けることは可能か？

テロリストグループ「テント」のリーダーは、仲間二人とともに、彼を裏切った元上官の自宅に潜入する。そして、その上官を捕まえると、3人とも銃口を上官の頭に向けた。そのとき、テロリストのリーダーを追ってきた主人公の乃木憂助が現れ、その3人のテロリストに銃を構えた。はたして、銃は火を噴いた。そして、3人のテロリストは撃ちぬかれ、人質は助かるというシーンだ。

実際は、テロリストたちの銃には弾が入っていなかった。しかし、もし弾が入っていて、3人が銃を頭に向けていたら、一人で、その3人を撃ちぬけるのだろうか？

「無理です。3人同時に引き金を引きますから、どんなに頑張っても一人では無理です。このような絶体絶命の状況で、何ができるかと瞬時に判断するのであれば、私は人質の脚を撃ちます。

そうすれば、人質は倒れるか、のけ反ります。そうなれば、人質はテロリストの銃のターゲットから外れるので、その瞬間を狙って、テロリストの懐に入り込んで格闘し、倒します。それも、はたして可能かわかりませんが、銃を撃つより人質を助けられる可能性は高まります」（伊藤氏）

無理。それより人質の脚を狙う！

column 0

ドラマ『VIVANT』と「別班」

日本にも、法を逸脱してまで、国を守る組織が存在していた。それが「別班」だ。はたして、その存在は必要なのか、否なのか。本書を通じて考えて欲しい課題だと思う。

超豪華キャストとヒットメーカーの監督、さらに1話あたりの製作費が1億円（通常は3000万~4000万円）と、放映前から話題になっていたTBS系の日曜劇場『VIVANT』。話題にたがわず、最終話の世帯平均視聴率は19・6%をたたき出し、全話平均視聴率でも14・3%（ビデオリサーチ関東地区、世帯、リアルタイム）と低迷するテレビ界のなかで、非常に健闘した作品であった（ちなみに、現在はU-NEXTで視聴できる）。

講談社現代新書『自衛隊の闇組織　秘密情報部隊「別班」の正体』（石井暁著、定価880円）

超豪華キャストは主人公の乃木憂助を演じた堺雅人、その相手役の警視庁外事課の野崎守が阿部寛。さらに、二階堂ふみ、二宮和也、松坂桃李、役所広司と豪華なだけでなく、実力派俳優ばかり。監督は『半沢直樹』で社会現象を起こした福澤克雄だ。

「別班」という存在に惹きつけられる日本人

さらに、2カ月半にわたるモンゴルでのロケ。ドラマで登場する架空の国バルカのロケはここで行われた。しかし、ドラマが成功するかどうかは、そのキャストや監督、製作費用、海外ロケだけで決まるわけではない。やはり、ドラマ自体が面白いか、いかに興味深いテーマであるかにかかっている。

その面白さを作り出したのが、やはり「別班」という存在だ。日本のなかで、シビリアンコントロールから逸脱したスパイ組織が存在するという、それ自体が驚きであった。平和国家日本の憲法第九条のもとでは、存在できないはずの組織が存在している。ここに日本人を惹きつけるテーマがあった。

日本を守る存在がやっぱりいた！

本書では、その「別班」の存在に迫る。と、同時に、ぜひ読者に読んでいただきたいのが、まえがきでも紹介した講談社現代新書『自衛隊の闇組織　秘密情報部隊「別班」の正体』（石井暁著）である。ただし、この本は「別班」を、シビリアンコントロールから逸脱しているとして、否定的に解説している。政府が目指す特定秘密保護法が成立する前に、「別班」の存在を公にしようとした本である。

しかし、ドラマでは、「別班」は愛国者の組織であると、逆に肯定的である。ノベライズ化された文庫のなかで、この作品の監督の福澤は「平和ボケしたって散々言われているけど、やっぱり日本をちゃんと守ってくれる人たちはいるんだ」と述べている。

はたして、「別班」の存在を私たちは、どう捉えるべきなのか。スパイと聞くとワクワクしてしまう日本人。だからこそ、本書を通じてより深く、その存在を考えて欲しい。本書はそのための一冊でもある。

扶桑社文庫『日曜劇場VIVANT下』（福澤克雄原作、蒔田洋平ノベライズ、定価1100円）

扶桑社文庫『日曜劇場VIVANT上』（福澤克雄原作、蒔田洋平ノベライズ、定価1100円）

第一章

自衛隊の秘密組織「別班」の歴史と最新情報

別班は本当に存在するのか？　その真相に迫る！

著／時任兼作

自衛隊の訓練の様子（写真：アフロ）

01 「日本のスパイ組織」の栄光と挫折

第二次世界大戦の敗北によって、壊滅した日本のスパイ組織。いまだに、戦前のレベルに戻っていないという。

原爆投下を察知していた日本のスパイ網

「日本のスパイ組織」は戦前と戦後でまったく異なる様相を呈している。第二次世界大戦の敗北によって壊滅的な打撃を受けたのち、いまなお戦前のレベルには戻っていないというのが実際のところだ。

「戦前の諜報活動や工作といったものこそ、本来あるべき姿なんだが……」

日本を含め、世界各国のスパイ組織の実情に通じる諜報関係者は、そう言って、さまざまな資料をベースに昔日の日本の状況を概説した。

まずは通信傍受。いまで言うシギント（シグナル・インテリジェンス＝電子的情報活動）のことだが、英国がドイツの通信暗号を解読したり、米国が日本の開戦の打電をはじめ、ありとあらゆる日本の通信を傍受していたことばかりが取り沙汰されているものの、実は日本も着実に成果を上げていたようだ。

日本のスパイも活躍した真珠湾攻撃

「日本の通信傍受も、かなりのレベルにまで達していた。実は終戦間際でさえ、原爆を投下しようとする米軍の動きを察知していたほどだ。爆撃機に出撃指令を下した通信を傍受・解読していたことを北多摩陸軍通信所で任務に当たっていた元軍人が証言もしている」

この通信傍受の源流は通信学校長などを務めた陸軍中将、百武晴吉に遡るという。

「１９２３年1月、百武は通信傍受体制の整ったポーランドから招聘された暗号解読の専門家ヤン・コワレフスキー少佐から暗号技術について講習を受けたが、さらに１９２５年12月からポーランドに留学し、暗号に関する知識を深めて帰国。その直後の１９２７年7月、参謀本部第3部暗号班の班長に就任し、暗号の解読と作成を担当することになった。これが日本陸軍の通信傍受の始まりだった。

その後、同班は１９３０年に参謀本部第2部の管轄となるが、その第5課として１９３３年に外国無線通信傍受のために開設されたのが北多摩通信所であった」

海軍は、やや遅れて組織を整えたようだ。暗号解読部署が設けられたのは、１９２９年。軍令部第2班4課別室（１９３３年に班は部に改められた）として発足した。

「当初、通信傍受は海軍技術研究所や東京通信隊橘村受信所で細々と行われていた程度だったが、１９３３年に軍令部第4部第10課に昇格し、１９３６年には北多摩通信所と同様に外国無線通信の傍受を目的に大和田通信所が設けられた」

こうしたなか、海軍は米国の外交暗号の「グレイ・コード（一冊のコードブックで作成と解読が行われるもの）」はもちろん、より高

海軍の情報取集数

情報源	1944年10月1日から1945年7月10日までに収集された情報データ数
特種情報	393
武官報告	102
捕虜尋問	27
鹵獲書類	2
諜者	7
陸軍情報	11
外務省情報	2
公開情報（ラジオ等）	110
公開情報（出版物等）	769
その他	23
情報源不明	38
合計	1484

※防衛研究所紀要第11巻第1号（2008年11月）より

通信学校長を務めた陸軍中将の百武晴吉

海軍は米国のより高度な暗号も解読できた

度な「ブラウン・コード（作成と解読で別のコードブックが用いられたもの）」も解読できるようになっていた。また、陸軍は「ストリップ暗号」と呼ばれた最も難解な暗号の解読にも成功した。これらの背景には、米国の大使館などに侵入し、コードブックなどに関する情報を盗み出すといった工作があったともいう。

米国で活躍した海軍と外務省のスパイ

諜報体制すなわちヒューミント（ヒューマン・インテリジェンス＝人的情報活動）も充実していた。

「戦後、諜報活動から一切、手を引いてしまった日本からすると、信じがたいほどの活躍ぶりと言える。陸海軍はもちろん、外務省も積極的に行っていたし、それぞれが連携もしていた。米国においては、海軍と外務省の動きがとりわけめざましかった」

諜報関係者は、『インテリジェンス１９４１』（NHK出版　山崎啓明著）にはこれまで秘されてきた資料やエピソードなどが盛り込まれているとして、手持ちの資料に加えてその各所を示しつつ海軍および外務省の諜報ぶりを例示していった。

「海軍は１９３０年代に米国を覆う諜報網をすでに構築していた。西海岸、東海岸の各都市にエージェント会社を設立。活動のための秘密資金を運び、機密情報を伝えるネットワークをも築いていた。

開戦直前には、強力な陣容が整えられもした。トップとして全米に広がるネットワークの指揮に当たったのは、エール大学留学や駐米大使館勤務経験がある情報将校の横山一郎大佐。ナンバー２として、それを補佐したのがプリンストン大学大学院で学ぶなど米国事情に明るい実松譲中佐だった。彼らは、ワシントンの高級アパートメントを拠点に数々の工作を手がけ、かなりの成果を収めた」

同様の組織はカナダ、メキシコ、ブラジルにも作られていたという。

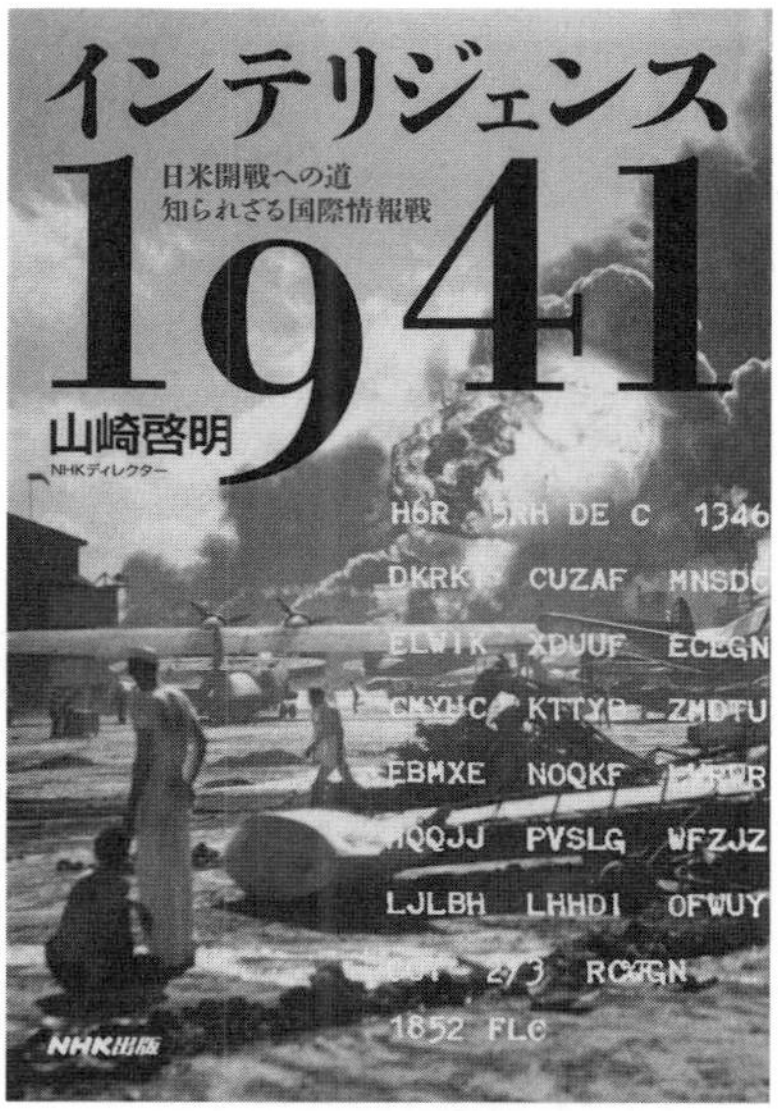

『インテリジェンス1941』（NHK出版、山崎啓明著、2014年7月刊）

防諜が起こした悲劇「宮澤・レーン事件」

一方、世界各国に大使館を構え、グローバルなネットワークで諜報活動を行っていた外務省も負けていない。

「英国公文書館で公開された日本の暗号解読記録の中にたびたび出てくる寺崎英

情報将校、横山一郎大佐

成一等書記官は、情報収集だけでなく極秘の工作活動なども行っていた。とくに有名なのは、米国との戦争を回避すべく実施されたものだ。

孤立主義を標榜し、戦争に反対している有力団体である米第一主義委員会と水面下で交流したほか、黒人団体をバックアップし、厭戦気分を醸成しようといった工作などを寺崎は手がけている」

日本国内に目を転じると、特別高等警察が防諜機関としての役割を果たしていたという。

「ソ連のスパイ網を摘発した『ゾルゲ事件』を見てわかるとおり、防諜機能はそれなりにはたらいていたし、米国に対しての監視も怠らなかった。もっとも、それが悲劇につながってしまったこともあるが」

諜報関係者が「悲劇」としたのは、「宮澤・レーン事件」と呼ばれるものだ。1941年12月8日の日米開戦当日、ラジオのニュースでそのことを知った北海道帝国大学の学生・宮澤弘幸が、同大で教鞭を執っていた米国人教師のハロルド・レーン、ポーリン・レーン夫妻宅に駆けつけたが、その途上、たまたま目にした根室第一飛行場のことを夫妻に対して話したことがあだとなり、特別高等警察にスパイ容疑で逮捕されてしまった。また、レーン夫妻は飛行場のことを駐日米国大使館駐在武官に伝えたことを理由に、やはり同容疑で逮捕された。

だが、飛行場の存在はすでに公知のことであり、スパイ容疑には当たらないはずであった。にもかかわらず、学生と教師は逮捕後、有罪判決を受けた上に、学生は戦後すぐに釈放されたものの、服役中に患った結核がもとで27歳という若さで亡くなってしまった。

諜報戦の罪深い影の部分の一つである。しかし、その車輪は日米開戦とその後の戦闘の中、容赦なく回り続けた。

「こうした諜報体制のもと、開戦前もその後も日本は奮闘した。奇襲攻撃に成功した真珠湾の背景には、日本人スパイの活躍があったし、意外と知られていないが、空襲警報もそうだ。警報は米軍の通信を傍受し、いつ爆撃があるか察知した上で発していた」

映画のような防諜戦が繰り広げられた真珠湾

真珠湾では、まるで映画のような諜報戦が展開され

実松譲中佐

寺崎英成一等書記官（右）

ていたという。

1941年3月、ホノルルの日本総領事館に森村正なる書記官が配属された。森村は、仕事そっちのけで「春潮楼」なる日本料亭に通いつめ、芸者を上げての宴会に興じる不心得者であるかに見えた。昼間に芸者を伴い遊覧飛行に出かけたりすることもあった。

だが、そうではなかった。実は宴会の最中、店の二階に上がって米太平洋艦隊の最大拠点である真珠湾基地に望遠鏡を向け、艦船の出入り状況や停泊数などを監視し、また遊覧飛行では周辺地理などを精査し、奇襲に必要な情報や絶好のタイミングなどを探っていたのである。こうして収集した情報は、ひそかに日本に暗号で打電された。最後の打電は1941年12月6日（日本時間では7日）。真珠湾攻撃の6時間前のものであった。

森川の本名は吉川猛夫。奇襲攻撃の対象地域に関する情報収集の密使として海軍から送り込まれたスパイだった。その正体については総領事、副総領事のほか誰にも明かされぬまま任務を遂行したのである。開戦後、ほかの総領事館員とともにアリゾナ州の日系人収容所へ入れられた際、FBIから集中的に尋問されたことから正体が発覚しかけたものの、1942年8月に日米の交換船で無事日本へ帰国したのだった。

ダブルエージェントに翻弄された日本海軍

しかし、米国ももちろん負けてはいない。日米間では熾烈な諜報戦が展開され

日本軍が攻撃した時の真珠湾の地図（写真：アフロ）

日本料亭から米太平洋艦隊をウォッチ

真珠湾の状況を逐次、日本に報告していた森村正（本名・吉川猛夫）

た。

「真珠湾攻撃は米国のミスが幸いしただけで、日本の暗号自体は破られていたのは周知の事実だ。しかも、ここに至るまでの過程では諜報員、組織に関する情報も洩れ、米国での摘発まで始まっていた。米国の放ったダブルエージェント（二重スパイ）に見事やられてしまった結果だ」

英国海軍の英雄にしてのちに創設された空軍の少佐でもあったフレデリック・ラトランドのことだ。

１９２２年12月、まだ軍籍にあったラトランドのもとに日本大使館員を名乗る男が現れ、空母や艦載機に関するアドバイザーになってほしいと日本海軍が要請したことが始まりだったという。

要請を受けたラトランドはその後、軍を離れ、日本に移住。数年間にわたって海軍に協力したのち英国に帰国したが、１９３２年11月、海軍が再びラトランドにコンタクト。米国内での主要な諜報活動にはうってつけの人物と見込み、海軍のエージェントとなるよう説得。ラトランドはこれに応じ、暗号名として新川（ニイカワ）という名も与えられ、活動を開始した。

それが本格化したのは１９３４年に入ってからだ。同年2月、ロサンゼルスに拠点を設け、諜報網の整備に着手した。３月にはロンドンに商社を装ったエージェント会社も設立。諜報活動に必要な資金の送金ルートの確立に努めた。これによって、全米各都市に置かれた諜報組織に活動資金が円滑に届けられるようになったのである。

その後、サンタモニカに航空技術などを窃取する目的でダミー会社を立ち上げるかたわら、西海岸に置かれた軍港の状況視察を行うなど、活発に活動し、海軍に貢献したのだった。

だが、ラトランドは、当初から日本を裏切っていた。１９３４年2月にロサンゼルスに拠点を置いた時点で米海軍情報部の最高幹部に請われ、米側のエージェン

マンハッタン計画を打電していた海軍

日本の諜報機関も活躍した1940年代のニューヨーク（写真：Imagestate/アフロ）

トとなることを受諾。以来、日本の諜報体制やその中身などを事細かに報告していたのである。

それがにわかに表面化したのは、日米開戦前夜の頃。日本海軍の情報将校が米側に軒並み逮捕される事件が発生したのだ。その最中、ラトランドは長年にわたって彼の行動を監視していた母国の情報機関MI5（Military Intelligence Section 5＝軍情報部第5課。保安局の通称）の手で英国に召喚された。そのため当時、ラトランドがダブルエージェントではないかと疑って調査を行っていた日本海軍は決定的な証拠は押さえられなかったが、のちに当人が告白したことによって史実となった。

ともあれ、ラトランドの英国召喚によって日本海軍の諜報網は大打撃を受けたばかりか、のちに明らかになるラトランドの背信による情報将校の相次ぐ逮捕などによって機能不全に陥ってしまったのである。

通信傍受も最後の最後まで行っていた

残念なことに、日米諜報戦の趨勢は、これで決まった。もっとも、海軍は日米開戦を機に米国やカナダの在外公館が次々と閉鎖された外務省と軌を一にするかのように代替組織の立ち上げに奔走し、終戦直前まで果敢に諜報活動を行ったという。

二重スパイだったフレデリック・ラトランド（左）

「海軍は、1941年11月にニューヨークの人形店の店主ベルバレー・ディッキンソンをスパイとして起用。ディッキンソンは、顧客5名の偽装署名を用いて収集した情報をアルゼンチン経由で日本へと送るなど、活躍した。

また、外務省は1941年12月末、『東機関』なる諜報組織を設立。中立国スペインを利用して諜報活動を行うべく、ユダヤ系スペイン人を中心にスパイをリクルートし、翌年6月頃までには、ワシントンやニューヨーク、ロサンゼルス、サンフランシスコといった主要都市を網羅するスパイ網を作り上げた。収集された情報はメキシコ経由でスペインへ送られたのち、日本に転電するというルートも確立された。

成果は赫々たるもので、米軍の1942年以降の南太平洋での反攻作戦の内容をはじめ、原爆開発計画（マンハッタン計画）などまで把握し、打電していた」

代替組織は終戦の前年である1944年までフルに稼働していたという。

「最終的には日本のインテリジェンス（諜報活動）は敗北を喫したわけだが、なかなかの健闘ぶりであったことは間違いない。通信傍受も最後の最後の段階まで行われていた。

もし戦後もインテリジェンスが継続されていたならば、さらに組織や能力が増強され、巻き返すこともできたように思われる。しかし、GHQ（General Headquarters, the Supreme Commander for the Allied Powers＝連合国軍最高司令官、総司令部）の占領政策によって継続が許されなかった以上、その後の日本が大国のインテリジェンスに翻弄されるばかりであったのは自明のこと。現在も、この延長線上にあることを肝に銘じておきたい」

諜報関係者は、そう締めくくったうえで付言した。

「中国や北朝鮮、ロシアなどの動向を前提に防衛力増強と声高に叫ばれ、高額なミサイルなどが購入されている昨今だが、腕力の前にまずは知力。しっかりしたインテリジェンス機関なり組織を整え、正確な情報を日本独自で得ることこそ、真にいま求められていることだ。殺人をも辞さないモサド（イスラエル諜報特務庁）やCIA（米中央情報局）とまでは言わずとも、国内はもとより海外も含めて独自情報が取れるような組織の創設と、そのための人材の育成が望まれる。実際には起こるかどうかわかりもしない戦争に備えて軍備に多額のカネを使うよりもよほどリーズナブルであるし、的確な情報を得てから軍備を整えても間に合うのだから」

いまの日本には国のために十全に機能する「スパイ組織」がない――。外事関係者は、そう指弾すると同時に、新たなる組織の創設を訴えかけたわけである。

近い将来、これから記していく各組織の実像を踏まえ、それが実現していくことを期待したい。（文中敬称略）

海軍の防諜活動の拠点のひとつだったニューヨークの人形店

人形店の店主だったベルバレー・ディッキンソン

02

自衛隊に二つあった「別班」

人気ドラマ『VIVANT』の「別班」とは別に、もうひとつ非公然組織の「別班」が存在していた。その組織とは何か。

世界中を監視するシステムを開発したパランティア・テクノロジーズ（写真：ロイター/アフロ）

日米の密約で作られた公然の「別班」

かつて自衛隊には実は二つの「別班」があった。

いずれも米国の都合で作られたようなものであるが、そのひとつが人気ドラマ『VIVANT』に登場し、注目を集めた自衛隊の秘密情報部隊たる「別班」。正式名称は「陸上幕僚監部（陸幕）第二部情報一班特別勤務班」だ。

詳しくは後述するが、米軍の情報部隊と連携して非公然活動を行っていたのは事実ながら、法の枠を超えるようなことはなかったという。自衛隊関係者は、こう語る。

「情報一班は国内だけでなく国外の情報も収集し、分析する部署で、存在は秘匿されてはいなかったが、そこに極秘の班が存在することは陸幕内でさえ、あまり知る者がなかった。当事者らは隠す意味があったのか、『別班』とか『特勤班』とか呼んでいた。もっとも、それほどきわどいことはし

ていなかったので、単に略して、そう言っていただけかもしれない。

ドラマでは、自衛隊員の精鋭が集められ、国家の危機を未然に防ぐため、法の枠を超えて行動するような描かれ方をしていたが、そんなことはない。もちろん、ドラマのように人をさらったり、殺したり、拷問の代わりに自白剤を使ったりするようなことなどするはずもない。秘密組織とはいえ、あくまでも法の範囲内での活動だった」

存在を秘したのは、そもそも「別班」が日米の密約で創設されたという事情からではないかとも言う。また、米軍の補助——日本で活動するには日本人である方が目立たず、また言語も不自由しないという点から米軍の要請を受けて動くことが多かったため、それも隠しておきたいという力学がはたらいた可能性もあると指摘したのだった。

シギントを行う非公然組織

そして、もうひとつが「二別」と呼ばれた「別班」。やはり陸上幕僚監部に設置されたもので、「第二部別室」というのが正式な部署名だ。

「『別室』すなわち『二別』は通信傍受などシギントを行う非公然組織で、米軍の要請を受け、北朝鮮や中国、ロシアを対象に活動していた。それぞれの言語に通じた者も在籍し、なかなかの活躍ぶりだったと聞いている」

自衛隊関係者は、そう語ったのち、

「『別班』にしろ、『二別』にしろ、もはや、その名称はなくなっている」

と言い、フィクションの世界との違いを強調したのだった。

ちなみに、「二別」は1978年の組織改編により「陸上幕僚監部調査部調査第二課別室」となり、1997年には新たに設置された情報本部に統合され、電波部となったという。これに関連して、同関係者はダメ押しをした。

「組織改編後こそ『調別』と呼ばれ、『別班』の意味合いが残ったものの、情報本部ができると、それも完全に消えた。いまは非公然ではなく、純然たる公然組織だ」

だが——。

そう断言できそうにない〝影の部分〟を、実は背負っているとの証言がある。代々、電波部長を輩出してきた警察庁筋が語る。

「2012年、日本はインターネット諜報を開始した。

カリフォルニア州パロアルトのパランティア・テクノロジーズのオフィス。複数のモニターと興味深い装飾に囲まれたエンジニアたち。同社は、2014年に株式上場している（写真：The New York Times/アフロ）

太刀洗通信所にある インターネット防諜組織

のちにこの件が国会などで問題として取り上げられたため、いまに至っても政府は公式には認めていないが、内閣情報調査局がNSA（米国家安全保障局）から提供された『Xキースコア』というシステムを稼働させた。活動拠点は防衛省情報本部の太刀洗通信所に置かれている」

驚異的なメール・ハッキングソフト

このシステムを開発したのは、パランティア・テクノロジーズなる企業。2004年に米カリフォルニア州パロアトル、いわゆるシリコンバレーで創業されたデータ分析会社だが、創業の資金はCIAが運営するベンチャーキャピタル（投資会社）が出しており、また「パランティア」との社名は英国の著名なファンタジー作家J・R・Rトールキンの代表作『指輪物語』に登場する魔法グッズの名称から採用したものである。全世界ばかりか過去も未来も見通す水晶のことだとされる。データ分析によってありとあらゆるものを見通す神の目たらんと標榜して命名したと言われている。

こうした謎めいた会社の名とその代表的な業績たる「Xキースコア」と命名された驚異的なメール・ハッキングソフトの存在を世に広く知らしめたのは、NSAの世界的な監視網の実態を暴露した元CIAおよびNSA局員であったエドワード・スノーデン氏だった。

「スノーデン自身、CIA局員として2007年にスイス・ジュネーヴへ派遣された際に、このプログラムを知ったというが、その使われ方を見てショックを受けた。たとえば、『攻撃』『殺し』『ブッシュ』などとキーワードを入力して米大統領への敵対的な発言をネット上で検索すると、メールはもちろんチャットやブログ、フェイスブック、さらには非公開のネット情報をも含めて世界中の人々の通信がすぐにもリストアップされてくる。

しかも、追跡能力も高く、マークした情報の発信者の身元などはもちろんのこと、その人物と情報をやり取りするなど関係ある人たちまですべて把握できてしまう。さらに、それらの人物の位置情報や立ち寄り先、接触相手ばかりかネットの閲覧内容や商品購入などに至るまで、ネットを通じる情報は遺漏なく網羅することも可能だということがわかった。

世界的なハッキングの事実を暴露したエドワード・スノーデン（写真：ロイター/アフロ）

こうなると、マークした人物の秘密などもはや存在しない。これをもとに、さまざまなこともできる。やろうと思えば、名誉を棄損するどころか実生活に実害を与えることや、身体や生命を脅かすようなことを企てることまでできてしまう。生殺与奪権を握ったようなものだ。これを知ったスノーデンは危機感から告発へと動き、その告発を受けた全世界の人々があまりの情報の侵害ぶりに震撼した」

警察筋は、そう語ったうえで、「神の目と言えば聞こえはいいが、実際のところは神をも恐れぬと言うべき威力だ」と付言した。

2011年5月、CIAが血眼になって探していたイスラム過激派『アルカイダ』のトップで、米同時多発テロの首謀者と目されたオサマ・ビンラディンがパキスタンにおいて発見され、射殺されたのも、このシステムがあったおかげだという。

二つあった「別班」

1　陸上幕僚監部第二部情報一班特別勤務班

※米軍の情報部隊と連携して非公然活動を行っていたが、法の枠を超えるようなことはなかった。

2　陸上幕僚監部第二部別室

※通信傍受などシギントを行う非公然組織で、米軍の要請を受け、北朝鮮や中国、ロシアを対象に活動

↓

陸上幕僚監部調査部調査第二課別室（1978年）

↓

防衛省情報本部電波部（1997年）

※2012年、日本はインターネット諜報を開始

米国のために米国が提供したシステム

パランティア社は、これを機に情報機関の御用達になった。CIAを筆頭にNSA、FBI（米連邦捜査局）、さらにはDIA（米国防情報局）などが顧客となったのである。

こうしたものを、ついに日本も採用したというのだが、この件については防衛関係者もこんな証言を寄せた。

「太刀洗通信所とは、1997年にDIAに倣って設置された日本最大の電子諜報機関・防衛省情報本部傘下の6つの通信所のひとつで、レーダードーム施設を有した精鋭部隊だ。

通信所内には、B地区と呼ばれる閉鎖エリアがある。出入りは、公道の下をくぐる地下道を利用するのが原則で、道路に面したゲートは機材の搬入等以外に開けられることはない。そして、地下に広大な基地が設けられ、他の部署と交流を断った別働部隊が常駐している。これこそがインターネット諜報部隊だ」

要するに非公然活動が警察官僚主体の政府情報機関・内閣情報調査室主導のもと、現在も行われているというのである。

そもそも「二別」は米軍だけでなく、内閣情報調査室との関係が創設時から深い。2001年に同室傘下に内閣衛星情報センターが創設されて以降は一心同体とも言われている。同センターが防衛省内に中央センターを置いていることは、その証左だ。

「政府も警察も、米国あるいは米軍の意向には、いまだ逆らえないどころか、従順に要望・要請に応えている。

こうなると、各者と密接な関係にある電波部は米国のために動かざるを得ない。米国から提供されたシステムを米国のために日本で使っているというのが現状だ。もちろん、ほかの通信傍受の成果も米軍には伝えている」

警察筋は、そう断じた。

名称は変わっても、非公然性を含め、その活動は、さして変わっていないのかもしれない。

03 「別班」の誕生

「別班」は米国の要請に基づいて日本の赤化を防ぐために作られた。そして、米軍と連携し、対共産圏を視野に数々の情報工作を展開することになった。

朝鮮戦争（写真：akg-images/アフロ）

朝鮮戦争が生み出した「別班」

終戦からほどなくして「別班」は産声を上げた。

「朝鮮戦争が誕生の背景に色濃く見て取れる」

と自衛隊関係者は語る。

１９５０年６月、ソ連（現ロシア）の支援のもと、北朝鮮が国境線を越えて韓国に侵攻したことで朝鮮戦争は勃発した。これを機に資本主義陣営の盟主たる米国を中心とした国連軍と、ソ連とともに共産主義陣営の主軸をなす中国軍が参戦。赤化すなわち共産化を目指す勢力と、それを食い止めようという勢力とが激しい戦火を交え、１９５３年７月に至ってようやく幕引きとなったが、完全に終結したわけではなかった。あくまでも休戦であり、再開の危険性と緊張とをはらんだ状態が現在なお続いている。

こうしてことを踏まえて、自衛隊関係者は続ける。

「そもそも自衛隊、防衛省（旧保安庁、防衛庁）の前身たる警察予備隊は朝鮮戦争勃発の直後の１９５０年８

月にGHQの指令に基づいて創設されている。赤化防止の必要性を踏まえてのことだが、『別班』も同じ文脈にある。情報工作を通じて赤化防止を図るために作られたというのが真相だ。

この目的から米軍は1952年頃には、情報専門の部隊を育成すべく、警察予備隊の三等陸佐や一等陸尉クラスの中堅幹部を集め、情報工作の訓練を開始。これが『別班』の胎動と言える。

そして、1954年、日米相互防衛援助協定が締結されるが、その裏で在日米軍司令官のロジャー・マックスウェル・レイミーから吉田茂首相に書簡が送られ、同年発足した自衛隊と在日米軍が合同で諜報活動を行うという秘密協定が締結され、『別班』が誕生した。

ほどなく米軍はMIST(Military Intelligence Specialist Training＝軍事情報専門家訓練)なる本格的なプログラムを組み、選抜された陸自の中堅らがキャンプ朝霞を拠点に展開していたFDDという極秘情報部隊(キャンプ座間に置かれた在日米陸軍第500情報旅団の分遣隊)に送られ、訓練を受けるようになった」

共産系組織にも潜入工作

米軍側は、このプログラムを「MIST－FDD」と呼び、一方、陸自側は密かに「ムサシ」と命名した。「MIST」すなわち「ミスト」が「ムサシ」と似たような語感であったからだという。

また、「ムサシ」の呼称は、その後、消えるが、ここで養成された二十数名の陸自隊員は二等陸佐の班長のもと、世に知られることなく非公然のベールを被ったまま米軍と連携し、対共産圏を視野に数々の情報工作を展開することになったとされている。

この点について、前出の諜報関係者は、さらに突っ込んだ証言を寄せた。

「非公然組織だけあって、彼らの活動はかなり本格的なものであった。朝鮮戦争を踏まえ、赤化防止に主眼を置いた情報収集に特化し、ソ連や中国、北朝鮮の機密情報に触れることができる協力者を獲得したばかりか、共産系組織に潜入させるといったきわどい工作なども行っていた。資金も豊富だった」

「別班」の活動内容は、もっと安全なものだとの説がある。海外に渡航する商社マンや研究者などから話を聞いたり、そういった者に依頼して外国で情報を集めてきてもらったりといったようなことだ。

だが、朝鮮戦争をはじめ、ベトナム戦争など、当時の東西冷戦(資本主義陣営と共産主義陣営との代理戦争のこと)の切迫した状況からすると、そうではなかった、熾烈な情報工作が展開されていたと見るのが妥当のようだ。

米国との密約を交わしたと考えられる吉田茂元首相
(写真：近現代PL/アフロ)

04 「別班」の変遷

日本を揺るがした金大中氏事件。金大中氏の拉致暗殺を謀ったこの事件に、「別班」は深くかかわっていたという。果たしてその真相は？

金大中氏（写真：Yonhap/アフロ）

「工作船」への照明弾

「別班」は密約から生まれた秘密組織であったが、そのベールを剥がされ、白日のもとにさらされた結果、変化を余儀なくされたという負の歴史をも有している。

最初が日本で発生した金大中氏拉致事件に際してのことだった。１９７３年、韓国の野党指導者で大統領候補でもあった金氏をターゲットとし、朴正熙大統領の密命を受けたＫＣＩＡ（韓国中央情報部。国家安全企画部を経て現在の国家情報院に改組）が金氏の日本訪問時に拉致暗殺計画を企てたものの、最終的には頓挫し、韓国で無事、解放されたというスパイ映画さながらの大騒動が勃発した。

より詳しく記せば、発生日時は同年8月8日午後1時過ぎ。発生場所は東京・飯田橋の「ホテルグランドパレス」22階。金氏が滞在していた部屋を出て廊下を歩き出したところ、スーツ姿の男たちに羽交い締めにされたうえ、麻酔薬をかが

せられた状態でエレベーターで地下駐車場に運ばれ、用意されていた車で連れ去られたのだった。

車は、その後、西に向かい、神戸市内の拠点を経て、神戸港に。そこで、あらかじめ用意していたモーターボートにスイッチ。さらに、沖合で停泊させていた工作船「龍金号」へと移送され、韓国に向かった。

計画では船内で重しを付けられ、ロープを撒かれて身動きできないようにされた金氏を、韓国到着前に海に遺棄し、亡き者にするはずであったが、実行直前に上空に飛行機が飛来。照明弾のようなものが船めがけて発射されるなど警告を発された結果、中止を余儀なくされた。金氏はソウル市内で解放されたのである。

KCIAの工作責任者に「別班」？

自衛隊関係者が語る。

「この事件に『別班』が関与していると共産党の機関紙『しんぶん赤旗』が報じ、党が国会で追及を始めたことで、『別班』の存在が公にされ、世間の注目を集めることになった。共産党には米軍や自衛隊などに対する独自の調査網があったとみられるが、ＫＣＩＡの工作責任者に『別班』出身者で調査会社をやっていた者が協力していた事実をつかみ、それを明らかにしたためだ。つまり、調査会社は非公然組織たる『別班』のさらなる偽装だという筋書きだが、いかにもスパイ工作らしい話であるだけに、その衝撃は大きかった」

ＫＣＩＡの工作責任者は駐日韓国大使館の一等書記官の身分で活動していた金東雲。朴大統領の密命を受け、工作チームを編成して金氏の所在を懸命に探ったものの、なかなかうまくいかない。そんななか、金東雲は旧知の元自衛官に調査を依頼するのだが、これが調査会社「ミリオン資料サービス」を経営していた坪山晃三元三等陸佐であった。坪山氏は陸上自衛隊の情報部門である「陸幕第二部」で北朝鮮など海外情報も収集する任務に就いていた人物で、その任務を通じて金東雲と知遇を得ている。つまりは「別班」の一員だったわけであり、金東雲は、いまだその身分のままだと踏んで、その情報力を期待して依頼したとみられている。

依頼を受けた坪山氏は見事、成果を上げる。調査は当初、難航したものの、ついに金氏のマスコミ取材の

金大中氏が拉致されたホテルの現場（1973年8月8日、写真：産経新聞社）

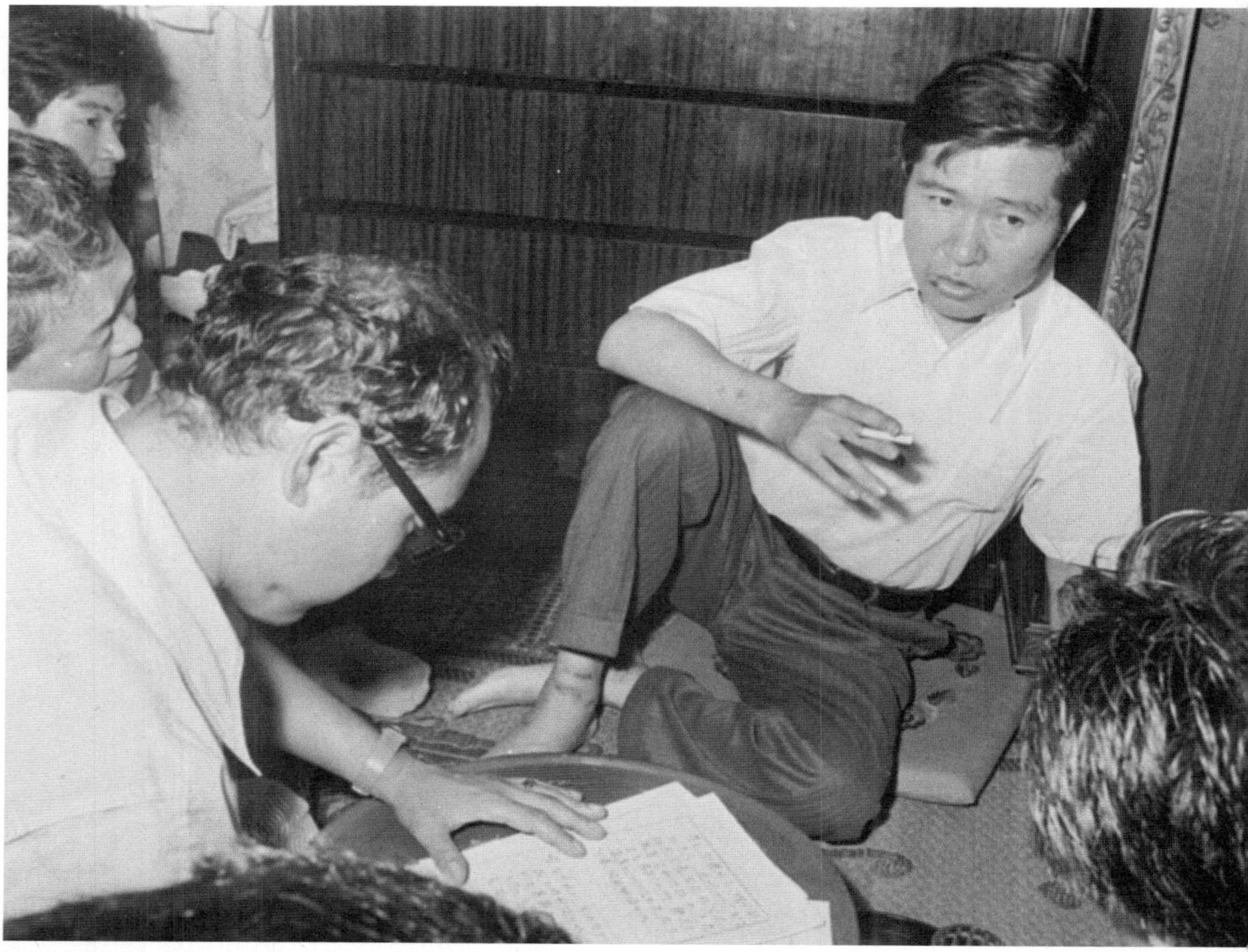

拉致から解放された金大中氏が、自宅にて、警察署員に拉致の様子を語る
（1973年8月14日、写真：YONHAP NEWS/アフロ）

日時・場所をつかんだ。この情報をもとに金氏の姿をとらえた金東雲チームは拉致暗殺計画を発動したとされる。

　換言すれば、「別班」が途轍もないこの計画の支援どころか、キーになる情報を提供していたとされかねない事態である。事を深刻に受け止めた陸幕は「別班」の隠蔽に入らざるを得なかったようだ。自衛隊関係者は、こう続けた。

「実際に坪山が偽装した『別班』員であったかどうか、定かではないが、こうなった以上、姿を隠す以外にない。『別班』は米軍基地から防衛庁内の陸幕監部に移転され、人員も減らされた。また、情報工作も米軍とは袂を分かち、それぞれが行うことになった」

　世間の目にさらされ、非難を浴びるなか、米軍との連携が絶たれたというのである。

組織も名前も変わったが……

　また、その後、何度か組織改編がなされるなか、上部組織の名称も含め、「別班」の正式名称も変更されたともいう。

「１９７８年に『陸幕監部第二部』は『陸幕監部調査部』に変わり、２００６年には『陸幕監部運用支援・情報部』に、そして２０１７年に『陸幕監部指揮通信システム・情報部』となり、現在に至るが、この間、『別班』も違う組織名になった」

　自衛隊関係者は、そう付言した。

　ところで、金大中氏事件だが、これ以外にも数々の余波を生んだ。なかでも注

世間の批判にさらされ、「別班」は米軍と袂を分けた……

目されたのは金氏の命を救った功労者は誰であったのかということだ。

飛行機は自衛隊の哨戒機であり、自衛隊こそがそうだとする説がある一方、米国から警告を受けた韓国政府が派遣したものだとの説もある。だが、前出の諜報関係者の言は異なる。

「どれもこれも後付けの手柄争いのようなものだ。実際には警察の裏部隊が動き、いまで言うNシステム（車のナンバーの自動読取・撮影装置。搭乗者を撮影するものもある）で神戸に向かう金東雲の姿を確認したうえで、韓国大使館に対して『金を出せ』と要請したことが最大の要因。韓国大統領府が、事がばれていると観念して中止命令を出し、解放されたというのが史実のひとつだ。飛行機の飛来については関知していない」

さて、真相は……。

陸幕監部第二部の変遷

陸上幕僚監部第二部
↓ 1978年
陸上幕僚監部調査部
↓ 2006年
陸上幕僚監部運用支援・情報部
↓ 2017年
陸上幕僚監部指揮通信システム・情報部

拉致がKCIAの犯罪であることが公表され、そのことを訴える金大中氏の弁護士と支持者（2007年10月24日、写真：ロイター/アフロ）

05 さらなる国会質問

「しんぶん赤旗」報道のあと、40年の時を経て共同通信が報道した「別班」。それを巡って質問主意書が提出された。対する政府の回答は……。

「別班」について国会質問をした新党大地の鈴木貴子議員（当時、写真：産経新聞社）

陸幕監部が独断で行った諜報活動

「別班」の存在が明るみに出たきっかけは「しんぶん赤旗」で幕が上がった国会質問だったが、それから40年程を経て、再び国会で取り上げられることになった。今度は「共同通信」がきっかけであった。

2013年12月、当時は新党大地に所属していた鈴木貴子議員（現在は自民党）が『陸上幕僚監部運用支援・情報部別班（別班）に関する質問主意書』を政府に提出したのである。主なところを抜粋しておこう。

《共同通信が以下のように報じている。

「陸上自衛隊の秘密情報部隊『陸上幕僚監部運用支援・情報部別班』（別班）が、冷戦時代から首相や防衛相（防衛庁長官）に知らせず、独断でロシア、中国、韓国、東欧などに拠点を設け、身分を偽装した自衛官に情報活動をさせてきたことが二十七日、分かった。

陸上幕僚長経験者、防衛省情報本部長経験者ら複数の関係者が共同通信の取材に証言した。

自衛隊最高指揮官の首相や防衛相の指揮、監督を受けず、国会のチェックもなく武力組織である自衛隊が海外で活動するのは、文民統制（シビリアンコントロール）を逸脱する。」

右報道にある「陸上幕僚監部運用支援・情報部別班」（以下、「別班」とする。）を踏まえ、質問する。

一　「別班」に関する共同通信の報道には、陸上幕僚長経験者、防衛省情報本部長経験者らの証言が含まれているが、防衛省として、右の幹部経験者らのうち誰が共同通信の取材に応じ、「別班」について証言していたのかを把握しているか。

二　防衛省として、一の幹部経験者らに接触し、「別班」に関して事情を聴取しているか。

三　二で、していないのなら、その理由は何であるのか説明されたい。

四　「別班」に関し、本年十一月二十八日午前の記者会見で菅義偉内閣官房長官は、「報道にあるような組織はこれまで自衛隊に存在していないし、現在も存在していないと防衛省から聞いている」と、その存在を否定していると承知する。小野寺五典防衛大臣も、同日二十八日午後の参院国家安全保障特別委員会で、『陸上幕僚監部運用支援・情報部別班』というような組織はこれまで自衛隊には存在していないし、現在も存在していない」と、同じくその存在を否定している。右は、安倍晋三内閣として統一した認識であるか。》

「『別班』は存在しない」が政府の回答

そのうえで、調査などを迫ったが、政府の回答は以下の通りであった。

《御指摘の報道にあるような「陸上幕僚監部運用支援・情報部別班」なる組織については、防衛大臣が、御指摘の答弁を行う前に、陸上幕僚長から口頭で報告を受け、さらに、御指摘の答弁の後にも、陸上幕僚長に陸上幕僚監部運用支援・情報部長等への聞き取りを行わせてその内容を口頭で報告させたところ、これまで自衛隊に存在したことはなく、現在も存在していないことが確認されており、現時点においてこれ以上の調査を行うことは考えていない。》

「別班」が存在しない以上、海外における活動もないし、調査もしないという木で鼻をくくったようなそっけない答弁であった。

だが、水面下の事情は異なる。そうではなかったようだ——。

政府の回答は「存在しないから、調査もしない」というものだった。
当時の防衛大臣、小野寺五典（写真：AP/アフロ）

06 「別班」のいま

「別班」を巡る国会質問の数年後、「別班」は名前を変え、米軍とは切り離され、規模も縮小され、もともとの機能はなくなり、現在に至っているという……。

写真：アフロ

陸幕監部指揮通信システム・情報部地域情報班

久しぶりにスポットを浴びた「別班」を巡るその後の状況について、自衛隊関係者が語る。

「今回は国会での質問ではなく、質問主意書という文書でのもので、あまり目立ちはしなかったものの、それに先立つ報道もあり、『別班』がまた世に喧伝されてしまったことに、実は政府は困惑していた。というのも、『別班』は、先にも述べた通り、日米の密約から生まれ組織であり、政府は存在を認められないからだ。が、実際にはある。しかも、質問主意書で指摘された『陸幕監部運用支援・情報部』に。さて、どうしたものかとなったわけだ」

この回答は数年かけて出されたという。同関係者が続ける。

「2017年の陸幕の組織変更の際に、こっそりと『地域情報班』という名称に変更された。時間がかかったのは、慌てて組織をいじるなどすれば、マスコミに『隠蔽だ』とたたかれる懸念があったからだ。また、組織名も情報工作とは縁のなさそうな穏当なものを選ばれた」

かくして、『別班』の正式名称は『陸幕監部指揮通信システム・情報部地域情報班』となり、いまに至っているというのだが、その規模はさらに縮小され、もはや10名以下とされる。

「一等陸尉と三等陸佐ら中堅によって編成されているものの、この人数では何もできないのではないか……。ここまで広く存在が知られてしまった以上、仕方のないことかもしれませんが」

同関係者は、そう語り、その活動内容にも触れた。

「こうした状況下、海外に拠点を置いて活動するようなことはない。ありえない。米軍と袂を分かって以降やってきた海外情報の間接的な収集を細々と続けているだけだ」

構成員も中堅幹部とはいえ、選りすぐりというほどではないともいう。

「陸自の学校（陸上自衛隊小平学校）で情報工作の訓練を受けた首席が選抜されるとか、選抜されたら所属は決して明かさないとか言われているが、そういうことはない。ただ、その訓練を受けた者が配属されることが多いというに過ぎない。学校には心理戦防護課程というプログラムがあり、情報収集などのやり方をはじめ、尾行や監視などの訓練をしているから必然的にそうなるということ」

往時の「別班」とは別物であるかのように、同関係者は語ったのである。

「特機」なる非公然組織

変貌し、凋落したかのように見える「別班」。だが、「実はそうではない」との異論の声が上がった。

「一連の組織改編や名称変更は、それこそスパイ組織の十八番の偽装。あたかも『別班』が穏健で微弱な組織に変わったと見せるためのものだったのではないか。米軍と共同工作をする本来の『別班』は実はいまもある」

前出の諜報関係者は、そう断じたのである。そして、こう続けた。

「創設来、脈々と続いている非公然組織で、関係者の間では『特機』と呼ばれている。米軍の要請に基づいて特別に機動することが呼称の由来とみられる。米軍基地から撤収したのちは目黒を拠点に極秘裏に活動している」

目黒には、「防衛省目黒地区」と呼ばれる施設があり、防衛省、統合幕僚監部、陸上自衛隊・海上自衛隊・航空自衛隊の調査研究・高等教育機関が集中している。陸上自衛隊は「目黒駐屯地」を構えているが、そこに正真正銘の「別班」の本陣があるというのだ。

ただし、確認はできない。数々の暴露に懲りた「別班」は組織の編成表からも存在を消してしまったからだという。

「存在しないものほど強いものはない。ある意味、何でもできるのだから。米軍との極秘ミッションにはうってつけだ。具合の悪いことがあったとしても、マスコミも国会も手の出しようがない。『特機』は、そのための組織だ」

同関係者は、そう語るのだった。

ちなみに、「特機」についても、あくまでも口頭で交わされる呼称に過ぎず、そのため、そもそもの正式名称である「特別勤務班」の略で「特勤」だと認識している者もいるようだ。その点を踏まえれば、「別班」は「二別」よりもはるかに暗い闇の中で名実ともに続いていると言うべきなのかもしれない。

写真：アフロ

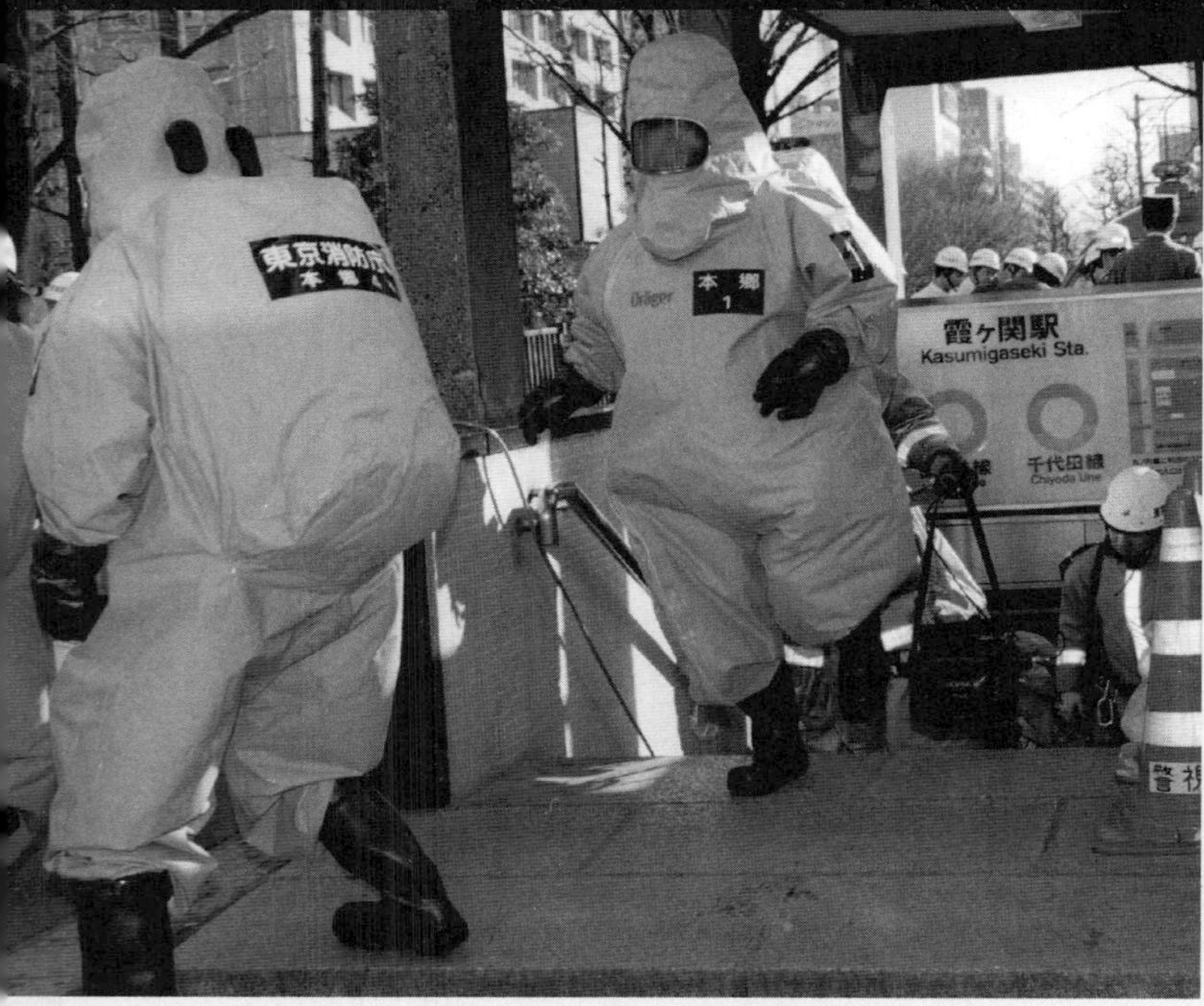

公安を揺り動かした地下鉄サリン事件（写真：ロイター/アフロ）

「日本のスパイ」の活動と非公然組織

非公然組織のスパイ活動とは、どのようなものなのだろうか。秘密部隊について、関係者に取材した。

著／時任兼作

警察庁警備課にあった「サクラ」

諸外国とは異なり、不完全な情報工作を強いられている「日本のスパイ組織」ながら、それでもスパイとしての活動が身元を秘匿することから始まる点では変わりはない。ただし、組織ごとに秘匿のレベルに違いがある。また、個々のスパイだけでなく、組織自体についても同じことが言える。

そうしたなか、組織をも含めて完全に秘匿してしまうケースがあることがわかった。「日本のスパイ」網の主軸とされる公安警察の秘密部隊のことである。警察関係者は、こう語る。

「公安の秘密部隊の歴史は長く、起源は戦前に遡る。その当時こそ『（内務省警保局保安課）第四係』との名称があったものの、構成メンバーの氏名は明かされていなかった。そして、戦後になると、米国の赤化防止策に乗じて共産党にかかわる工作を行うとして警察庁警備局に『第四係』を復活させたが、名称は秘匿され、関係者のみに通じる『サクラ』というコードネームが与えられた。拠点が置かれたのが警察大学校内の『さくら寮』なる建物であったからだ。メンバーの氏名も当然、秘されていた」

だが、このベールは剥がされた。

1986年11月、共産党の国際部長宅の電話が盗聴されていたことが発覚したのが事の始まりだった。通報を受けた警視庁は捜査を断固、拒否したものの、部長の訴えを受けた東京地検が捜査に着手。その結果、

公安の秘密部隊の歴史は戦前の内務省の第四係に遡る

盗聴が公安警察による非合法工作活動であったこと、それを行ったのは「サクラ」のコードネームを持つ秘密部隊であることが明らかにされ、警備局長が辞任に追い込まれたのだった。

「一度、表に出てしまったものは、もはや使い物にならない。警備局は事件後、ほとぼりが冷めたのち、『チヨダ』とコードネームを替えて、再出発した」

精鋭部隊は全国から集められた百数十人

同関係者は、そう語ったのち、さらなる〝転身〟についても言及した。

「1990年台半ば以降、過激な宗教カルト・オウム真理教によって数々の不可解な事件が引き起こされ、その最中、『チヨダ』の存在がマスコミで流布されるようになると、今度は『ゼロ』となった。存在しない組織を、との思いから命名されたようだ。もっとも、これもマスコミで報じられるようなってしまったが、いまもそのままだ」

半ば公然化しているという公安警察の秘密組織だが、非合法活動をも辞さない構成メンバーについては秘匿が堅持されているという。同関係者が続ける。

「構成メンバーの中には情報提供などに応じてくれる協力者の獲得や運用、管理といった合法的な工作を担当する者もいるが、これらについても氏名はもちろん身元を明かすようなことは一切せず、偽名等を用いている。盗聴やピッキングはもちろんのこと、さらなる複雑な工作にかかわる精鋭部隊の場合は、さらに厳格で、偽装のための会社や身分などまで周到に用意している。とくに外国の大使館関係者や、それを偽装身分として活動するスパイらと対峙する際には欠かせない備えだからだ」

精鋭部隊は警視庁公安部を中心に全国の警察から集められた者も加えて百数十人。その面々が身元を秘し、名前を変え、日夜、きわどい情報工作に奔走していると言うのである。

共産党盗聴事件。盗聴された国際部長の緒方靖夫（写真：産経新聞社）

別人に成りすまし、潜入工作

ただ、情報工作の中身までは踏み込もうとはしなかった。そこで、先の諜報関係者に話を聞いたところ、想像もしなかったような数々のことが明らかになった。

まずは公安警察の秘密部隊のコードネームだが……。

ロシア大使館。大使館員のウォッチングも公安の仕事（写真：アフロ）

『チヨダ』とか『ゼロ』なんてない。誰かが目くらましで、そう言ったのだろう。公安警察は、それを偽装のひとつとして黙認している。本当のコードネームは別にある。こういったものは、存在しない、させない、というのがこの世界の鉄則だ」

それほどまでに秘する理由は、「秘密部隊の面々がしていることからすれば、そうせざるを得ない」と続けて次に明かした活動内容にあった。

「彼らの工作は主に二つ。ひとつは基幹産業をはじめ、治安維持や情報収集に欠かせない企業に潜入し、極秘裏に活動すること。いわば潜入工作員だ。

二つ目は、まさに現場工作で、諸外国のエージェント（スパイ）や、その協力者を徹底して追いかけ、本名や身分はもちろん、何を目的に、どんな工作を仕掛けているのかを突き止めようという活動。カウンター・インテリジェンス（防諜）とされるものだ。尾行などを含む行動確認や通信傍受（携帯、電話、メール）で得たものを駆使しながら、

中国大使館。大使館勤務の武官の監視も行う（写真：アフロ）

大使館員のウォッチ 米軍基地からの密航

さらに奥へと踏み込んでいく。

　この工作は24時間体制で行われることが多いため、メンバーは役所には出ず、直行直帰というのが原則で、それぞれ必要に応じて管理職の上司と、第三者には真の意味がわからないような符丁を用いて連絡を取り合う。打ち合わせのための集合場所や日時の連絡、任務交代の引継ぎや予期せぬ出来事が発生した場合の対処、経過報告などが、その中身だ」

　同関係者は、こうした任務を果たすための〝特別な措置〟にも言及した。

「どちらの工作にも欠かせないのは、身元を明らかにしない、すなわち秘匿すること。そのために、彼らは別人になりすます。言うなれば、〝背乗り〟だ。たとえば、失踪者リストを活用し、世間に出てくることが決してなさそうな者を選び、その戸籍や住民票を流用して就職するなり、活動するなりする」

　〝背乗り〟の方法は、ほかにもあるようだが、すべてに共通しているのは、これに付随して、別人名義の運転免許証やパスポート、さらには車両なども用意することだと言うのだった。

潤沢な資金、年収1000万円超え

　また、それぞれ特殊な任務柄、潤沢な資金措置もあるとした。

「潜入捜査員は潜入先企業の給与を受け取ることが許容されている。警察官としての棒給があるので、ダブルインカムということになる。これが認められているのは、彼らには二重生活が求められるからで、別の家や車が必要で、それらを潜入企業からの給与で賄う」

　潜入工作員の中には、あろうことか別の家庭まで作ってしまい、のちに問題になったケースもあるという。一方、工作に当たる捜査員も飲食費や宿泊代、交通費などは青天井であると明言した。

米軍の横田基地。ここからパスポートなしでアメリカへ（写真：アフロ）

階級	月収	年収
巡査	22万円	360万円
巡査部長	34万円	557万円
警部補	40万円	656万円
警部	43万円	705万円
警視	47万円	820万円
警視正	60万円	984万円
警視長	70万円	1148万円
警視監	90万円	1476万円
警視総監	120万円	1968万円

ちなみに、警察官の俸給は階級だけでなく実務経験の年数も加味して決まるため、幅があるものの、国と地方の俸給規定を見て平均値をとると、おおよそ右のようになっている。

潜入捜査員の多くは30代、40代の巡査部長や警部補であるため、年収550～650万円くらいだが、潜入先企業は、たいていが大手であり、少なくとも同等、場合によっては俸給以上の給与を受け取っているとみられ、合算すれば1000万円を優に超える額となる。

これも含め、想像を絶するほかない証言ながら、以上のようなこととは別に、管理職の極秘活動もあるという。

「管理職も極秘活動と無縁ではない。一番多いのは米国に呼ばれ、パスポートもなしに米軍基地から海外に渡航するような任務。CIAのカウンターパートとの秘密交渉というか極秘要請のためだ」

同関係者は、そんなことも語ったのである。

警察以外の「スパイ組織」

事実が諜報関係者の証言通りであれば、米国との関係はさておき、公安警察の秘密部隊は本格的な「スパイ組織」と言えよう。身元の秘匿や活動ぶりなど、まさに諸外国と遜色がないほどだが、ほかの「スパイ組織」は、どんな具合なのだろうか。

同関係者に重ねて尋ねると、以下のような答えが返ってきた。

『特機』は公安の秘密部隊と同じようなことをやっている。ただ、別人になりすますとか、その名義の運転

警察庁。公安の秘密組織員は直行直帰で登庁することは少ない（写真：黒田浩／アフロ）

潜入先企業からの給与と警察の棒給とダブルインカム

免許証やパスポートを作るようなことまではしていない。名義の違う名刺や通行証などを用意する程度とみられる。そのうえで、米軍と連携して在日大使館に駐在する武官らの行動確認などを行っている。24時間体制の尾行や監視、通信傍受といった本格的なものだ。米国への極秘渡航もある。資金的にも潤沢だ」

また、同関係者によれば、「特機」に近いことをしているのが自衛隊の防諜組織「情報保全隊」だという。

「ある程度、身元を秘匿したうえで重要な自衛隊施設に出入りする者たちの行動確認を行っており、その延長線上に駐在武官などが現れれば、躊躇なく対処する」

もっとも、「特機」ほどのスキルや練度は、ないようだ。

ちなみに、「特機」の存在をカモフラージュするために創設されたとされる現在の「別班」は、こうした工作活動とは一線を画しているという。

「相手にしているのは外国――とりわけ中国や北朝鮮、ロシアの情報に接することの多い商社マンや研究者、マスコミらで、行動確認などとは無縁。穏やかな情報収集活動だ。場合によっては、新聞や雑誌、インターネットを検索し、それらをまとめたり、分析したりといった活動もある。この世界流に言えばオシント（オープン・ソース・インテリジェンス＝公開情報の収集・分析活動）ということになる。

不思議なのは、そうした活動でありながら、身元の秘匿は、ほかの自衛隊組織よりも念を入れていることだ。わざわざ（住所や電話番号などを貸し出す）バーチャルオフィスと契約して、『〇〇事務所』とか『××リサーチ』とか適当な名称で看板を掲げ、そこに所属しているとして偽名の名刺なども作ったりしている。中には、架空の組織名の身分証まで用意している者もいるという。これまでのことに懲りて、自衛隊の名前を知られたくないというのが先行したのかもしれない」

外務省にある「国際情報統括官組織」

これとまったく同じよう

日本の秘密組織（非公然も公然も含む）

警察庁の公安組織

（精鋭部隊は全国から集められた百数十人）

※企業への潜入工作、諸外国のエージェントの追跡・調査（現場工作）など

自衛隊の特機、別班、情報保全隊

※各大使館に駐在する武官の監視、通信傍受など

公安調査庁の調査組織

内閣情報調査室（公になっている）

外務省：国際情報統括官組織
（スパイ組織らしきもの）

※第一が情報衛星運用、第二が国際テロ等、第三が東アジア・東南アジア・南西アジア、第四がヨーロッパ、中央アジア、米国、中東、アフリカ等を担当。各二十数人。

なことをしているのが公安調査庁だとし、身元の秘匿に念を入れない点だけが異なるのが内閣情報調査室だと語る。そのうえで、付言した。

「もうひとつ付け加えると、内閣情報調査室はCIAから定期的にブリーフィングを受けるなどしている。これも公安調査庁との違いだが、これは形だけに近く、米国への極秘渡航などのある公安の秘密部隊や『特機』とは質が異なる。また、ここには同庁からの出向者もおり、そのことからしても、あまり違いはないと言っていいだろう」

外務省にもスパイ組織らしきものはある。総勢百人規模の「国際情報統括官組織」である（写真：椿正人／アフロ）

内閣調査室は定期的にCIAからブリーフィング

外務省にも「スパイ組織」らしきものがある。「国際情報統括官組織」のことだ。

同組織はトップの国際情報統括官の下に4つの部署があり、およそ100人が情報収集・分析に当たっている。より詳しく言えば、第一が情報衛星運用等、第二が国際テロ等、第三が東アジア、東南アジア、南西アジア等の地域、第四がヨーロッパ、中央アジア、米国、中東、アフリカ等の地域を担当し、それぞれ二十数人が稼働している。公安警察の秘密部隊の総数と比しても、それほど変わらない陣容だ。

また、「組織の来歴をたどると、戦前に行き着く由緒ある組織」でもあるという。

「1933年に設置された『調査部』が、そもそもの起源だ。同部は第二次世界大戦の最中、『調査局』に昇格し、活動を活発化したものの、終戦を経て1951年に廃止され、『情報文化局』となった。が、1984年に同局に代わって『情報調査局』が設置され、そして、『国際情報局』を経て、いまの組織となった」

こうしたことからすると、大いに期待できそうだが……。

「あくまでも在外公館からの公電（暗号処理された通信）などの情報をベースに活動しているに過ぎない。一時期、諜報活動を行うことなど検討されたことがあったようだが、いま現在は、そうなってはいない。戦前とは別物だ」

ここにも敗戦の影が色濃く残っていると言うのだった。

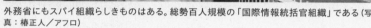

第二章

世界の主要国のスパイ組織と日本との関係

世界の主要国のスパイ組織を解説。日本とつながりの深いこれらの国々のスパイ組織について、諜報関係者らの証言などで、その実像や日本との関係などを記していく。まずは「協力関係にある」とされる国の組織を取り上げよう。

著／時任兼作

バージニア州マクレーンにあるCIAの本部（写真：AP／アフロ）

米国

CIA、NSA、DIA

世界最強ともいえるスパイ組織を持つアメリカ。その核がCIAだ。そのCIAを中心に解説する。

CIA（中央情報局）

いまや世界に冠たるスパイ組織とされるが、それは日々の研鑽があってこそのことのようだ。「2万人以上の要員を擁する巨大組織ながら、機動力に優れている。ここ数年においても、世界情勢の変化に即応すべく、柔軟に組織改編を行ってきている」

諜報関係者は、そう語る。

たとえば、2015年3月。CIAはIT技術の深化と汎用化に対応し、この分野での情報収集や分析、それに基づいた工作を遺漏なく行う目的で新たなる部署を立ち上げた。これによって組織構成は4部制が5部制になり、体制が増強された。また、2021年10月には、中国に主眼を置いた「ミッションセンター」なる部署も設置したという。

これ以前、CIAは4つの総局（Directorate）からなっていた。作戦・情報・科学技術・支援である。作戦総局（Directorate of Operations）は、いわゆるスパイ活動を行うケース・オフィサー（CIAではオペレーションズ・オフィサー）などの集まりだ。オペレーションズ・オフィサーは、自ら情報収集するというよりも、エージェント（工作協力者）を獲得・運用・管理するのが主となる。また、オペレーションズ・オフィサーには、外交官や軍人に偽装するOC（Official Cover）と民間人に偽装するNOC（Non Official Cover）があるが、後者は民間企業に就職するケースもあり、いわゆる潜入工作員。日本の公安警察の秘密部隊員と同じような活動をしていたとされる。

情報総局（Directorate of Intelligence）は分析部門。分析官に加えて、物理学者、精神科医、社会学者などをも擁しており、総局内には医学・心理分析センター（Medical and Psychological Analysis Center）などもあった。

それから科学技術総局（Directorate of Science and Technology）はスパイ向けの装備の開発や民間技術の活用を行う部門であり、偵察機U2や無人偵察機プレデターなどの開発を行った実績がある。これに加えて、CIAが必要とする技術を有する民間企業を評価して投資するといったようなことも行った。

4つ目の支援総局（Directorate of Support）は人事や経理などを担当する間接部門である。広報オフィス（Office of Public Affairs）も設けられており、そこにはスパイ映画、テレビ番組、本に協力する専門のリエゾン（連絡調整役）もいた。

CIAの基本情報	
設立	1947年
本部	バージニア州マクレーン
代表	ウィリアム・ジョセフ・バーンズ長官（2021年3月19日より）
構成員	約2万人
予算	15億ドル
所属	国家情報長官直属

アメリカ合衆国のインテリジェンス・コミュニティ

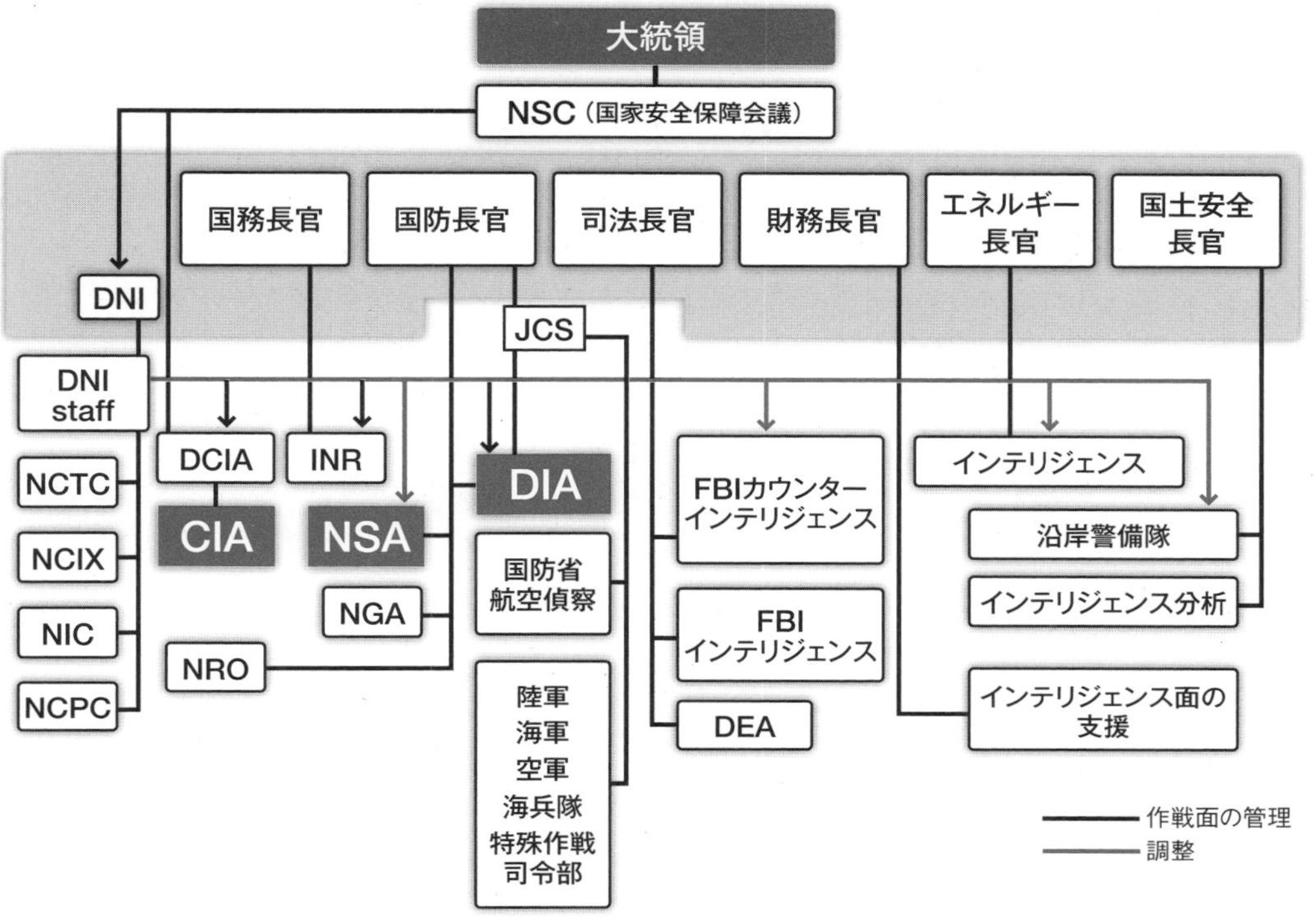

注:国防長官は、日常的にインテリジェンス・コミュニティの75〜80%をコントロールしている。

CIA=中央情報局　DCIA=CIA長官　DEA=麻薬取締局　DIA=国防情報局
DNI=国家情報長官　FBI=連邦捜査局　INR=国務省情報調査局
JCS=総合参謀本部　NCIX=国家カウンターインテリジェンス局
NCPC=国家拡散対策センター　NCTC=国家テロ対策センター
NIC=国家情報会議　NRO=国家偵察局　NGA=国家地球空間情報局
NSA=国家安全保障局　NSC=国家安全保障会議

アメリカ合衆国には、大統領と国家安全保障会議の下に、様々なインテリジェンス・コミュニティが存在する。その中核となっているのがCIAである。『インテリジェンス・機密から政策へ』マーク・M・ローエンタール著　慶應義塾大学出版会をもとに作成

これを見ると、なるほどＩＴ分野における諜報が弱く、また経済や軍事ばかりか諜報工作のフィールドにおいても長足の進歩を遂げつつある中国への対応強化が必要不可欠と言えるのかもしれない。現体制は、それらを反映して６部門編成となっているが、もっとも新設部署以外は一部の名称が変更されただけで、活動の中身にさして変化はない。ただ、ＣＩＡの公式ページには興味深い記述が見られるので、その部分は紹介しておこう。

《作戦総局は人的の情報源（ヒューマンインテリジェンスまたはＨＵＭＩＮＴ）によって取得された情報の収集を行います。必要な場合、および特殊な状況下では、大統領の指示に従って秘密行動を実行します。（中略）仕事の性質上、作戦総局の職員は隠れて住み込みで働くことがよくあります。これは、自分のキャリアについて話す相手を慎重に選択することを意味します。秘密任務には特定のスキルが求められるため、作戦総局の職員は全員入庁時に専門的な訓練を受けます》

《分析総局（Directorate of Analysis）は諜報によって得られたものについてタイムリーで正確かつ客観的な分析を提供します。アナリストは大統領や上級顧問などの米国当局者に主要な外交問題について報告を行います。分析総局内で働

CIAの組織図

CIA

- **作戦総局 (Directorate of Operations)**
  ※人的の情報源（HUMINT）によって取得された情報の収集
- **分析総局 (Directorate of Analysis)**
  ※諜報によって得られたものについてタイムリーで正確かつ客観的な分析を提供
- **科学技術総局 (Directorate of Science and Technology)**
  ※専門知識を活用し、効果的なターゲティング、大胆なテクノロジー、優れた技術で諜報上の問題に立ち向う
- **デジタルイノベーション総局 (Directorate of Digital Innovation)**
  ※CIAの最新の総局であり、CIA全体のイノベーションを加速
- **支援総局 (Directorate of Support)**
  ※セキュリティ、サプライチェーン、施設、金融および医療サービス、ビジネスシステム、人事、物流などの主要なサポート機能を担当
- **ミッションセンター (Mission Centers)**
  ※国家安全保障上の課題に対処するため、すべての政府機関の構成員と緊密に連携

く職員は多くの場合、欠落している情報をもとに、それを意味あるものへと組み立てていく優れたパズル解決者です》

《科学技術総局は対外諜報任務を支援するために、革新的な科学的、工学的、技術的ソリューションを適用しています。彼らは専門知識を活用し、効果的なターゲティング、大胆なテクノロジー、優れたスパイ技術で諜報上の問題に立ち向かいます》

《デジタルイノベーション総局（Directorate of Digital Innovation）はＣＩＡの最新の総局であり、ＣＩＡ全体のイノベーションを加速しています。同局は、いまつながりのある世界で極秘裏に任務遂行に当たるチームが必要とするツールとテクニックを確実に提供します。サイバーセキュリティからＩＴインフラストラクチャに至るまで、職員はＣＩＡをデジタル環境の最前線に置き続けます。（中略）デジタルイノベーション総局には、ビッグデータの世界での分析をサポートするデータサイエンティストとエンジニアの強力なチームもあります》

《支援総局はＣＩＡの支柱です。セキュリティ、サプライチェーン、施設、金融および医療サービス、ビジネスシステム、人事、物流などの主要なサポート機能を担当します》

《ミッションセンター（Mission Centers）は、国家安全保障上の課題に対処するため、すべての政府機関の構成員と緊密に連携します。ミッションセンターは、運用、分析、サポート、技術、デジタルのあらゆる機能を統合します。

各局の役員は一丸となって現在および将来の脅威に対処します。現在、地域の問題や優先度の高い問題に重点を置いたミッションセンターが12近くあります》

NSAの基本情報	
設立	1952年
本部	メリーランド州フォート・ジョージ・G・ミード
代表	ポール・ナカソネ 陸軍大将
構成員	6万人（推定）
予算	80〜100億ドル（推定）
所属	アメリカ国防総省

国家安全保障局が運用している諜報システム「エシュロン」のネットワーク

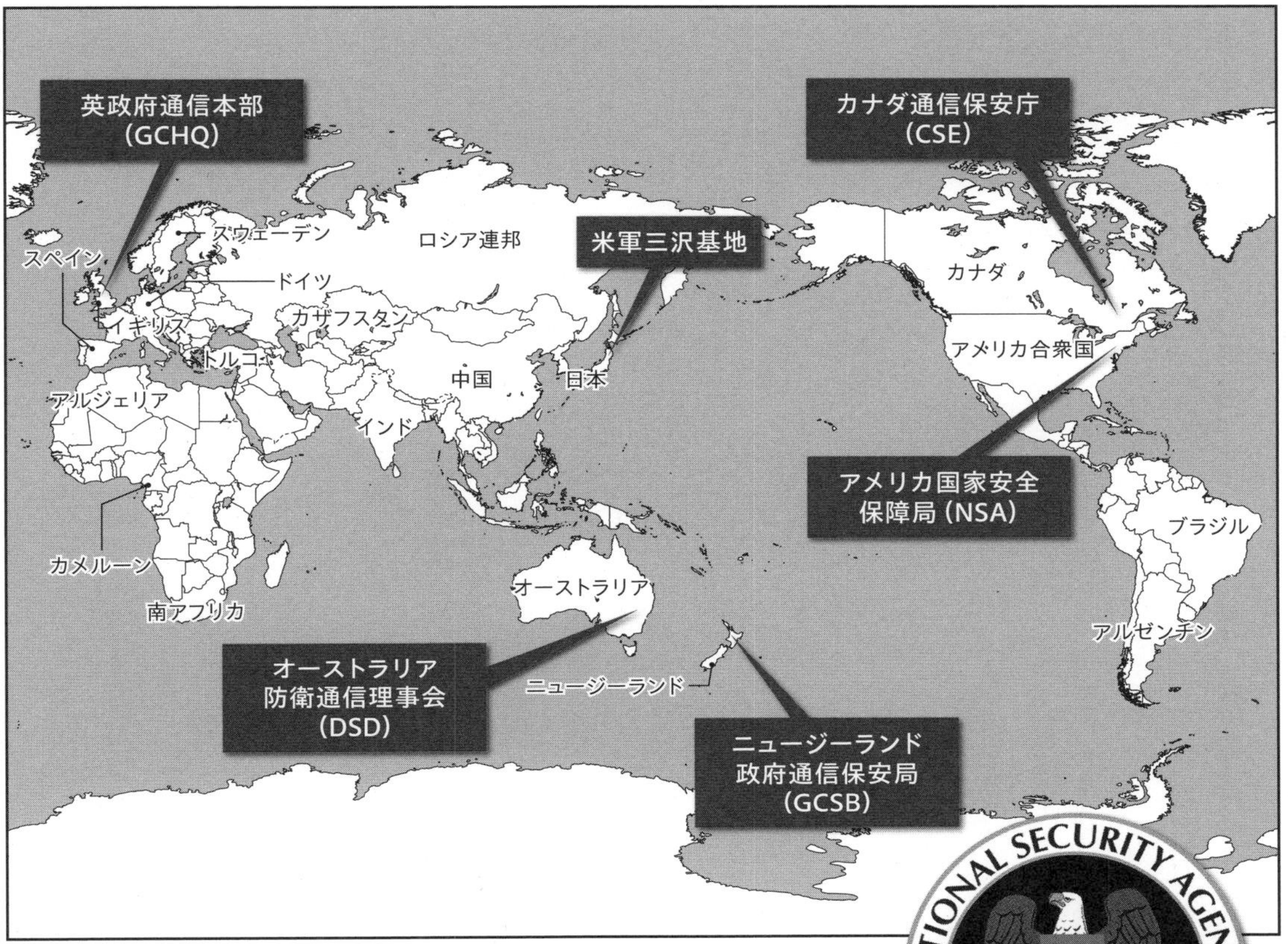

国家安全保障局の紋章

ＮＳＡ（国家安全保障局）

ＣＩＡはヒューミントを主としているが、こちらはシギント組織。国防総省傘下にあり、本部に４万人、海外の傍受施設にも２万人以上という最大規模の人員を誇るものの、秘密が多い。

そもそも１９５２年に秘密裏に大統領令で発足したという来歴があり、大手通信会社のＡＴ＆ＴなどにはＮＳＡ専用の秘密の部屋があるなどとされている。

また、ＮＳＡは英国のＧＣＨＱ（政府通信本部）をはじめ、オーストラリアやニュージーランドの政府通信保安局などとともに世界規模の通信傍受網「エシュロン」を作り上げて運用しているともされている。日本国内にも関連施設があり、要員も駐在。その一翼を担っているというが、これも公式には認められていない。

ＤＩＡ（国防情報局）

ＮＳＡと同じく国防総省傘下にあるスパイ組織だが、こちらは軍事にかかわる情報の収集や工作などを主に行っており、ヒューミント色が強い。

１９６１年に４軍（陸軍・海軍・空軍・海兵隊）

DIAの基本情報

設立	1961年
本部	ワシントンD.C.
代表	スコット・D・ベリア陸軍中将
構成員	1万6,500人（推定）
予算	20億ドル(推定)
所属	アメリカ国防総省

の情報部門を統合する形で創設された。人員は1万数千にもおよぶ。海外駐在武官は、この管轄下にある。

　他方、軍事の観点からMASINT（Measurement and Signature Intelligence＝測定および特徴分析による諜報活動）にもかかわっている。電磁波、放射線、金属反応、赤外線、地震波、音響、大気や地層成分などの物理・化学的指標を測定して分析するというものだ。

日本との関係性

　以上が米国の主なスパイ組織だが、CIAが日本と関係が深いのは周知の事実だ。

　そもそも、戦後、自民党に活動資金を提供することなどを通じて親米化工作を主導したのがCIAであり、今日の政府も、この延長線上にある。政府の情報機関たる内閣情報調査室に対して定期的なブリーフィングを行っているのも、往時の名残と言われている。

　また、中国を主眼に置いた「経済安保」が声高に叫ばれる昨今においては、公安の秘密部隊を管轄する警察の警備当局との連携度合いが高まっている。

　これについて、諜報関係者は赤裸々に、こう語った。

「ここ数年、CIA本部のアジア担当の幹部から連絡が入ることが増えてきている。より正確には情報提供の〝要請〟と言うべきか……。たいていの場合、中国のスパイ工作にかかわっているとみられる日本の企業や人物、あるいは工作のターゲットとみられる企業や幹部らについて日本側で調べたうえで報告してもらいたい、というのが趣旨だからだ」

　一方、国防総省が掌握しているNSA、DIAはどうかというと、あまり衆目にはさらされてはいないが、こちらも実はかなりのレベルで日本に食い込んでいる。

「防衛省情報本部の太刀洗通信所で運用されている驚異的なハッキング・システムを提供したのはNSAで、これによって得られる情報は、もちろん吸い上げている。情報本部による通信傍受についても同様だ。『特機』の情報も当然、そうだ」

　諜報関係者は、そう語る。そして、付言した。

「そもそも情報本部がDIAに倣って創設されたわけだし、さらに遡れば、その前身たる『二別』も、それから軍事情報にかかわるヒューミントを展開する『別班』もDIAのもとに統合された陸軍の情報部隊の要請で作られたもの。こうなるのは自明と言えよう」

　〝要請〟の名のもと、日本の各組織は使役されているというのである。

　もっとも、一昔前のことながら、CIAが〝一肌脱いだ〟こともあるようだ。警察官僚から国会議員に転じた平沢勝栄氏は東西冷戦時、世界各地でテロを引き起こしていた日本赤軍らの捜査に当たる警察の非公式部署「警備局調査官室」、いわゆる「赤軍ハンター」の初代メンバーとして活動した際のことについて、こう語っている。

「CIAらを介して（日本赤軍の活動拠点であった）レバノン当局に接触し、入国記録やパスポートナンバーなどを入手しました。これを突破口に、パスポートの偽造などの容疑で赤軍メンバーを国際指名手配し、彼らの動きを封じ込めていったのです」

　今後、こうしたことを期待したいところだ。

英国

MI6、MI5、GCHQ

007のジェームズ・ボンドを生み出した英国のスパイ組織は第二次世界大戦の軍事情報部から生み出された。

MI6（秘密情報部）

正式名称はSIS（Secret Intelligence Service）。MI6は第二次大戦中の軍事情報部の中に設置された第6課（Military Intelligence 6）の名残である。

主な任務は英国の国益に資するべく、安全保障、経済分野、地域紛争、国際テロリズム、大量破壊兵器拡散、国際犯罪等の分野にかかわる情報を、海外における諜報活動によって収集してくることだ。事前の許可を得ていれば、非合法活動（暗殺等）も可能であるとされる。スタッフ規模は2000人程度。

諜報関係者は、この組織の特異性に着目する。「組織上は外務省傘下にあるが、実際には、その指揮命令系統には入っていない。そのため、SISが海外活動する際のカバー（偽装）を得るための方策であるとか、不祥事が起こった場合に首相に累が及ばないようにするためであるなどと言われているが、こうしたことは日本のこれからに参考になる」

MI5（保安局）

MI5は保安局（Security ServiceすなわちSS）の旧称で、Military Intelligence Section 5（軍情報部第5課）の略称。「テムズハウス」との通称もある。

英国内の防諜を一手に引き受けている機関で、日本の公安・外事警察のような存在ながら、司法警察権を有さないスパイ組織として設立された経緯があり、外国のスパイやテロリストの逮捕はロンドン警視庁（スコットランドヤード）が

基本情報	
設立	MI6：1909年（シークレット・サービス・ビューローとして） MI5：1909年（シークレット・サービス・ビューローとして） GCHQ：1919年（政府暗号学校［GCCS］として）
本部	MI6：ロンドン・ヴォクソール MI5：ロンドン・ミルバンク11番、テムズハウス GCHQ：グロスターシャー州チェルトナム
代表	アン・キーストバトラー長官（GCHQ） （2023年5月より）
人員	MI6：2,000人　MI5：3,900人　GCHQ：1万人強
年間予算	共通情報予算として20億ポンド

担当している。また、日本の警察などとは違い、活動は国内に限定されず、場合によっては、関連事案を追って海外に出て行くこともある。世界中を舞台とし、効率的な情報収集や他国との協力を行っているというのが実際のところだ。

具体的な活動に関しては7つの目的が明確に定められているという。諜報関係者の資料では、こう記されていた。

《MI5は次の諸点を「目的（aim）」と定めている。

1．テロリズムを挫折させる。

2．外国の情報活動及びそれ以外の非公然活動から国家を保全する。

3．大量破壊兵器に関する技術・知識・資源の拡散を阻止する。

4．新しい脅威あるいは再出現する脅威を見つける。

5．国家機密・資源及びCNI（Critical National Infrastructure＝重要インフラ）を保全する。

6．MI6やGCHQを補助する。

7．機関の能力を高め、危機対応能力を保持する。》

GCHQ（政府通信本部）

MI6、MI5がヒューミント機関であるのに対し、こちらはシギント機関。偵察衛星や電子機器を用いて国内外の情報収集や暗号解読などを行っている。前身は第二次大戦中、ドイツの解読困難な暗号「エニグマ」を解読したことで名声を博した政府暗号学校（Government Code and Cipher School）。職員数は1万人強。国内だけでなく、ドイツやトルコ、オマーン、キプロス、さらにはイースター島などにまで無線傍受施設を設けており、NSAと連携のもと、「エシュロン」の一翼も担っている。

ロンドンにあるMI6の本部（写真：Alamy/アフロ）

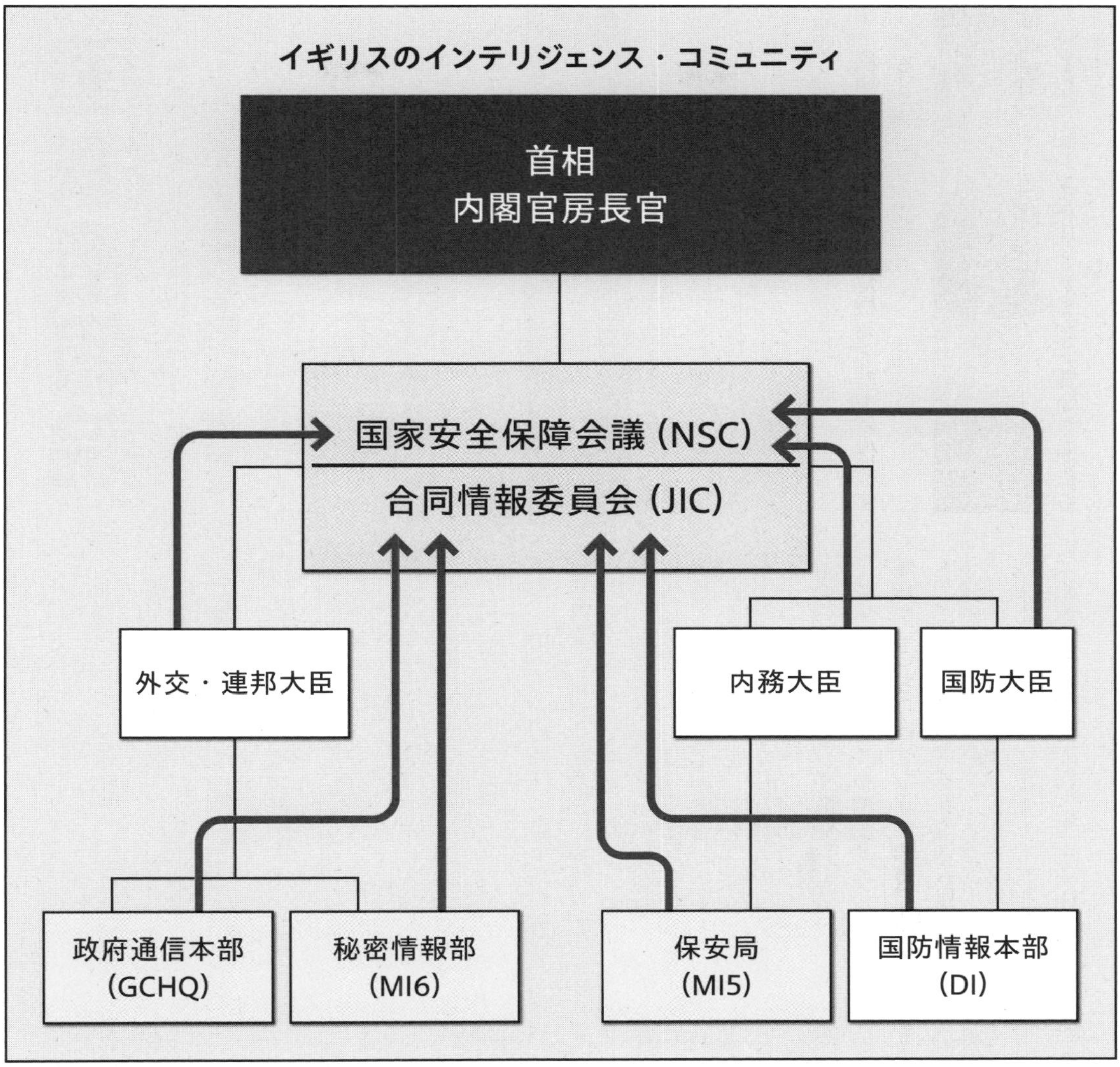

日本との関係性

日本との関係で言うと、SISとの公安当局とのつながりが深い。とりわけ東西冷戦時には密接であり、先の平沢氏は警察庁外事課に在籍していた当時について、「いい経験をさせてもらいました。CIA、MI6、DGSE（フランス対外治安総局。当時は防諜・外国資料局）、BND（ドイツ連邦情報局）、モサド（イスラエル諜報特務庁）、CSIS（カナダ安全情報局。当時は王立カナダ騎馬警察の公安部門）といった在京各国の情報機関のカウンターパートと定期的に会って情報の交換をしました」と語っている。

また、平沢氏と同じような道を歩んだ警察キャリアは1976年9月、ソ連軍現役将校ヴィクトル・ベレンコ中尉がミグ25戦闘機で日本の函館空港に強行着陸し、亡命を求めた事件に際して、MI6から連絡を受けていたという。

「こちら（英国）で受け入れる予定だったが、難しいため、そっちで受けてほしい。北海道までなら、燃料がもつ。よろしくお願いしたい――という緊急連絡で、これを受け、警察が動き、ミグ25を迎撃しないよう自衛隊を制して無事、亡命を実現させた」

諜報関係者は、そんな秘話を明かした。

国家情報院

金大中拉致事件を引き起こしたKCIAが母体。その後、2度の名前の変更を受けて現在の国家情報院となった。その権限は非常に大きい。

1999年に国家情報院に

もともとは1961年に創設された中央情報部（KCIA）で、1981年に国家安全企画部に改称されたのち、1999年以降、国家情報院となった。人員は1万人程度。3部門からなり、第一が海外、第二が国内、第三が北朝鮮を担当している。

ほかのスパイ組織とは違い、捜査権を有しており、権限が大きい。また、秘密保持を徹底しており、身元を明かすことは親族らに対しても許されず、嘘発見器による検査なども定期的に行われるほか、外国人との結婚は認められない。工事や清掃などの外注の際には、OBや職員の親族に限定して委託しているほどだ。

「非合法活動をも辞さないどころか、躊躇しない組織とも言える」

諜報関係者は、そう言って続けた。

「金大中氏拉致事件もそうだが、それから数年後の1979年10月にはKCIAの金載圭部長がソウル市内にある秘密施設で朴大統領を射殺している。事件の背景には、KCIAの工作の失態などを叱責されていたことなどがあったとされるが、その中には朴大統領の政敵であり、のちに大統領になる金泳氏へ工作事案が含まれていた。第二の金大中氏事件と言える工作を手掛けていたということであり、いくらスパイ組織とはいえ、異例というほかない」

日本との関係性

この組織の〝牙〟はもちろん海外でも発揮されており、あろうことか、「友好国」とされる

ソウルにある国家情報院（写真：YONHAP NEWS/アフロ）

韓国行政機関と諜報機関の位置づけ

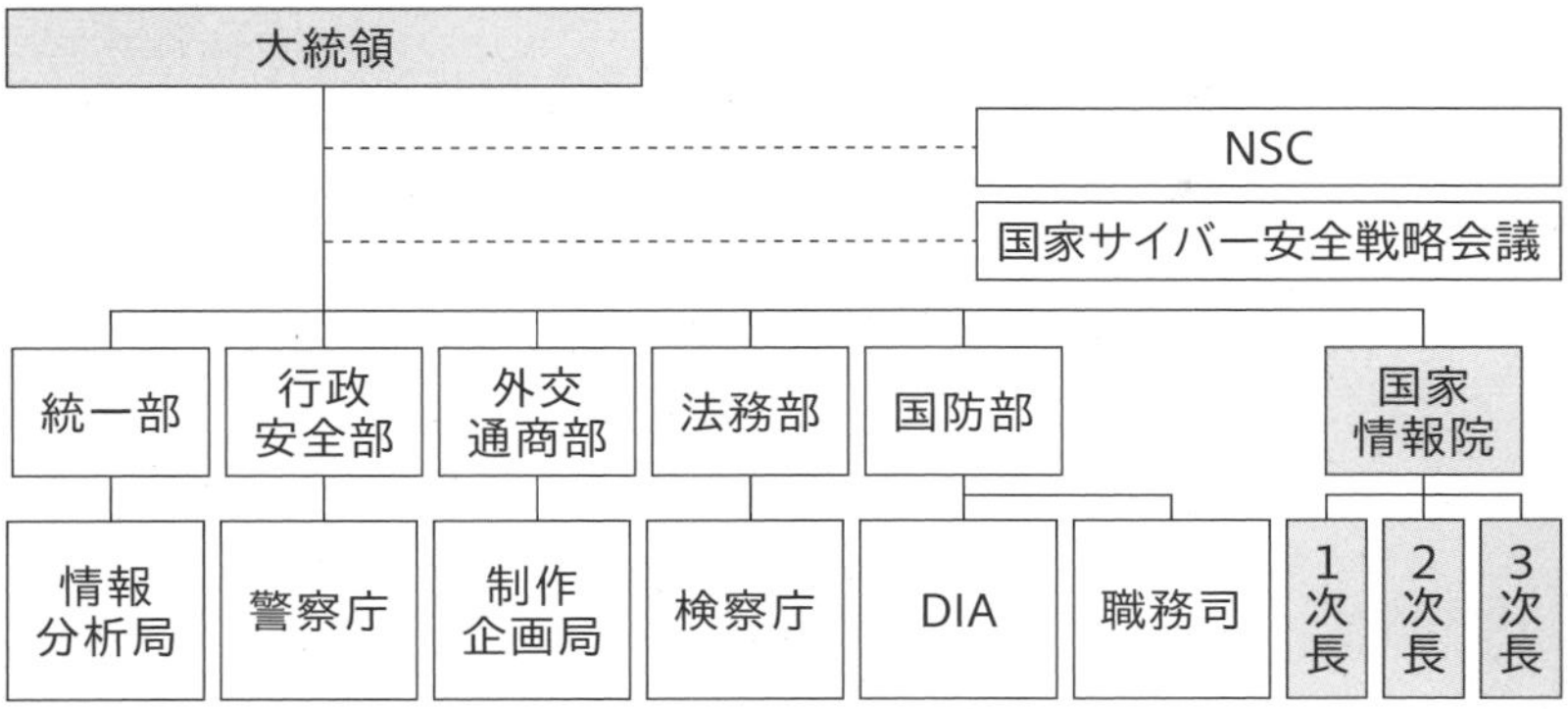

韓国情報機関の変遷

朴大統領暗殺事件

第二の金大中氏事件と言われた朴大統領の暗殺。国家情報院の前身であるKCIAが絡んでいた
（写真：YONHAP NEWS/アフロ）

国家情報院ホームページ

国家情報院の基本情報	
設　立	1999年（国家安全企画部から改編）
本　部	ソウル
行政官	金奎顕
構成員	1万人程度
予　算	秘密
所　属	大統領

日本に対しても容赦がないという。同関係者が語る。

「日本の政府職員や外交官に対し、乱暴な諜報工作をしかけているのは、つとに有名だ。その結果、不審死を遂げた者もある。また、慰安婦問題など、日韓で争点となっていることに対する熾烈な工作も目立つ。日本国内での非合法活動をも辞さない。『友好国だ』などと安閑としている場合でない」

友好的とされる国々のスパイ組織と言えど、やはり別の国の組織。自国の利害を優先し、場合によっては日本を工作対象として動くこともある。とすれば、敵対的な国々については言うまでもない。以下、それらのスパイ組織について述べていく。

中国

国家安全部、公安部など6組織

スパイ組織の能力と規模を飛躍的に増大させている中国、その6つの組織を解説する。

国家安全部

国内だけでなく、国外でもヒューミントやシギントを展開する総合スパイ組織。しかも、警察機能もあり、言ってしまえば、CIAとFBI（米連邦捜査局）、さらにはNSAを合わせたような巨大組織である。

1983年7月、中国共産党直轄の情報機関であった中央調査部を主体とし、公安部などの関係部署を統合して設立された。国内情報部門をはじめ、国外情報部門、電子部門などを擁し、国内においては、在中国の外国政府職員や新聞記者などマスコミ、そしてビジネスマンや留学生の動向を監視し、通信を盗聴すると同時に、これらと接触する中国人の監視することなどを主な任務としている。また、これに関連して、中国情報の流出防止やスパイの摘発、亡命の阻止などといった防諜活動も行っている。

国外においては、外交部や商務部などに籍を置く大使館職員あるいは国営通信社である新華社などのマスコミ等の身分に偽装し、政治・軍事・経済・科学技術情報などを収集している。「諜報員以外の協力者の獲得にも力を入れており、海外に赴く研究者、ビジネスマン、留学生、果ては旅行者まで範囲を広げてエージェントを募り、非合法活動をも辞さない情報活動を行わせている。国民に情報活動への協力義務を課した国家情報法ができて以降、この傾向は、さらに強まった」。諜報関係者は、そう付言した。

国家安全部の基本情報	
設立	1983年
本部	北京市
部長	陳一新
構成員	不明
予算	不明
所属	国務院

公安部

治安維持およびそのための情報収集活動や摘発といった外事・公安部門のほか、刑事警察部門、交通警察部門なども擁しているが、外事・公安部門に比重が置かれている。鉄道や航空、港湾といった要監視部局には外事・公安部門からの出向者が必ず配置されている。

活動は、国家安全部の国内部門とほぼ同様のものであるが、治安・警察機関として国内をフ

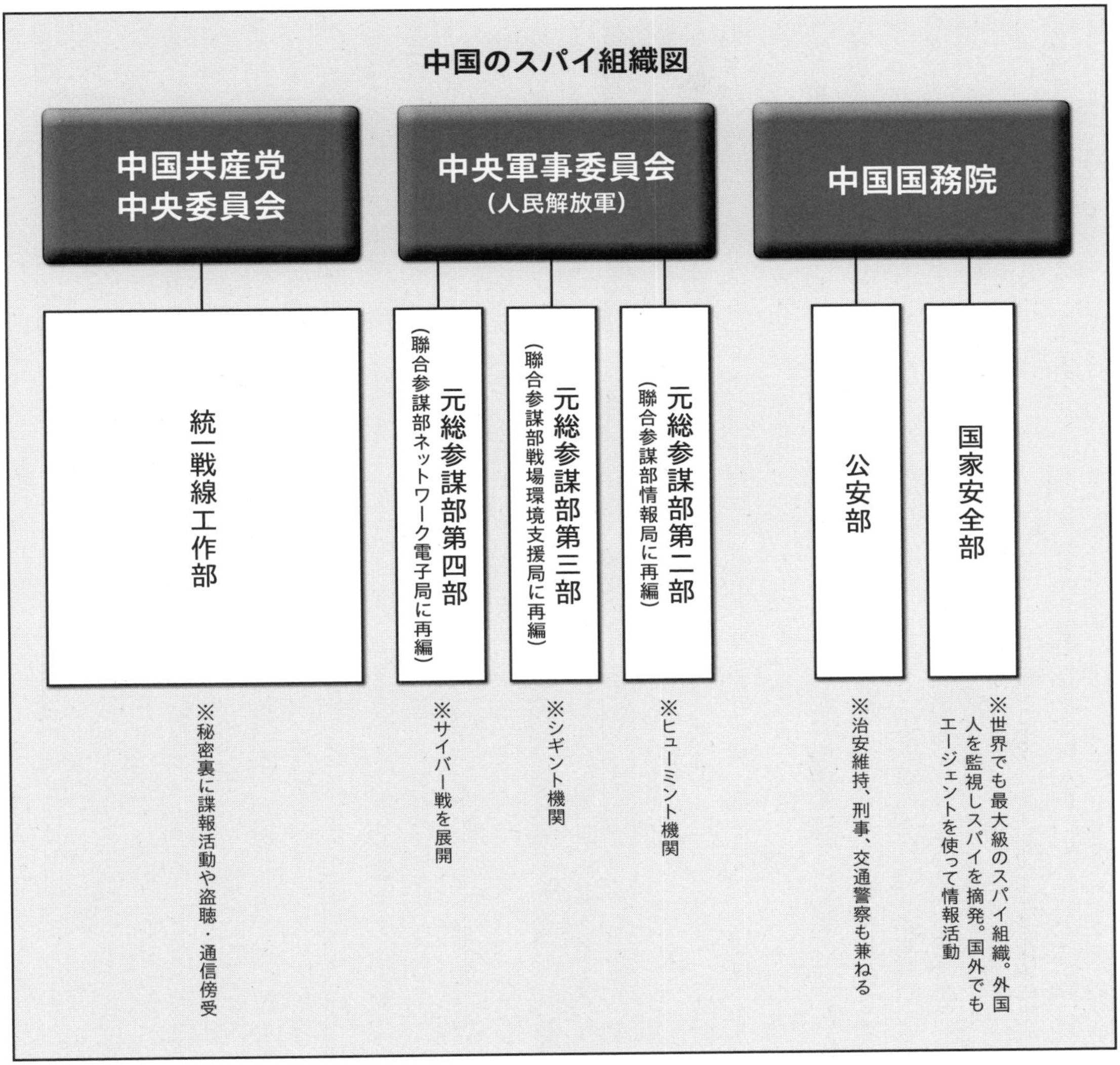

ルに把握しているだけに、その対応はきめ細かく、遺漏がない。警護名目での大使館の出入りの監視はもちろん、使用人の手配やそこからの事情聴取も随時、行っている。

大使館員以外に対しても、通訳の派遣や尾行などを通じて漏れなく監視している。住居やホテル内での電話盗聴、インターネットの監視、メールや郵便物の確認、市街地に設置された監視カメラの活用なども行っており、一挙一動をチェックしている。

諜報関係者は日本人の逮捕について言及した。「かつて上海総領事館員が公安部の仕掛けたハニートラップにかかって、最終的には自死を遂げてしまうという悲劇があったが、ここ最近、日中を行き来する人物や在中の企業人らの逮捕が目立つ。いずれも公安部が関係している」

元総参謀部第二部（聯合参謀部情報局に再編）

ヒューミント機関であり、軍事的な偵察部門のほか、海外で情報収集や工作を行う駐在武官を管理する部門などがある。

偵察部門では、陸海空の各部隊と連携し、仮想敵国や紛争エリアを対象に監視や偵察を行い、軍事作戦のために必要なありとあらゆる情報を、主に国内およびその周辺で収集している。地理的、地質的情報にはじまり、相手方の装備、人員、戦術、さらには兵站や人事情報、国際的政治環境なども含まれる。

駐在武官の管理部門は諜報員として武官を世界各国に派遣し、現地で同じような目的で活動をさせ、情報を吸い上げている。

「日本にも経済商務部や教育部、文化部などに文官を偽装して数多く配置されている。それらが先端技術の窃取や企業買収、政治工作など各種工作に手を染めている」

と諜報関係者は語る。

なお、こうした活動の裏返しであるかように、中国に駐在している外国の武官の監視と防諜活動も、この部門が行っている。

元総参謀部第三部（聯合参謀部戦場環境支援局に再編）

シギント機関であり、12の局と3つの研究所を持ち、通信の傍受や暗号の解読、偵察衛星による情報収集などを行っている。

通信傍受や暗号解読のセクションでは、国境および沿岸地域に設置した通信所を利用し、周辺国の通信を監視している。通信所は10か所以上にもおよび、西沙諸島などにも置かれ、米軍の動きなども網羅している。

諜報関係者は、こう語る。

「偵察衛星のセクションでは画像分析が行われているが、リアルタイムの全天候型の情報収集が可能となり、解析能力も著しく向上しており、欧米との格差は縮まりつつある。また、資源探査の技術も向上。近海はもちろん、中東やアフリカなどの地下資源の探査にも力を入れている。研究セクションは器機やハッキングソフトなどの開発を行っている」

ちなみに、北京電子廠、海鷗電子設備廠、第56研究所などがよく知られており、また、通信傍受のための語学教育の場としては洛陽外国語学院が有名だという

元総参謀部第四部（聯合参謀部ネットワーク電子局に再編）

中国に対する通信傍受の防護なども行っているが、電子諜報戦部隊というのが実態。旅団や連隊を有し、サイバー戦を展開している。ハッキングも含まれる。

そのための教育機関もあり、電子工程学院がよく知られているが、２０１０年に表面化した米国企業・グーグルに対するサイバー攻撃の際には、発信源をたどったところ、上海交通大学などの存在が浮上した。さらに、民間企業のファーウェイなどもその傘下にあると米国は指摘している。

公安部の基本情報

設立	1954年
本部	北京市
部長	趙克志
構成員	不明
予算	不明
所属	国務院

一方、陸海空軍と連携し、偵察機や偵察船を活用して傍受等も行っている。その多くは日本の自衛隊に向けられており、とくに２０１２年の尖閣諸島国有化以来、攻勢が熾烈化。電子情報収集機や無人機、情報収集艦などを頻繁に出動させている。これらの総参謀部の組織について、諜報関係者は、こう付言した。

「中国の対外的ヒューミント、シギントの総本山である総参謀部の第二部から第四部は２０１６年1月の組織改編により一部機能が移転されたものの、大部分は聯合参謀部に移行されている」

統一戦線工作部

中国のために国内外を問わずともに戦おうと

元総参謀部第二部、元総参謀部第三部、元総参謀部第四部、統一戦線工作部については、不明点が多いため基礎データを載せていません。

スパイを抱える中国の組織

公安部（写真：アフロ）

国家安全部（写真：アフロ）

中国共産党（写真：新華社／アフロ）

人民解放軍（写真：新華社／アフロ）

いう思想のもと、とりわけ在外華僑を利用し、秘密裏に諜報活動や盗聴・通信傍受などを行っている。米国をはじめ、欧州、日本でも積極的に活動している。

これについて、諜報関係者は、こんな解説を行った。

「活動している者の数は全世界で5000万人に達し、日本では70万人を超えている。また、その多くが営んでいる中華料理店は往々にして情報担当官とエージェントの接触場所として利用されている。

もっとも、エージェントは居住国の接触場所には現れない。通常、第三国の中華料理店が用いられる。これは、『第三国制御工作』と呼ばれるもので、管理側の担当官がわざわざ第三国に居住し、そこにエージェントを呼び出し、報告を受け、指令を与える。居住国の情報機関の目を逃れるためのものだ」

FSB、SVR、GRU

KGBを擁し、冷戦時代はアメリカと諜報合戦を繰り広げたロシア。その力がまた復活しつつある。

FSB（ロシア連邦保安庁）

KGB（旧ソ連のスパイ組織であった国家保安委員会）は国内部門と国外部門とに分けられたが、その国内部門。国内防諜が主任務であるため防諜機関と見られがちだが、犯罪対策などを行う治安機関としての側面もある。また、ソ連崩壊後にできた国家連合体であるCIS（独立国家共同体）諸国に対しては諜報活動も行っている。最近ではシギントも担当するようになった。

SVR（ロシア対外情報庁）

旧KGBの国外部門。対外諜報を担当していた第一総局の後継機関とされる。ただし、CIS諸国は諜報対象外。

GRU（連邦軍参謀本部情報総局）

ソ連崩壊後も存続し続けている軍のスパイ組織。ヒューミントと同時に、偵察衛星等を用いたシギントも行っている。また、特殊部隊スペツナズの運用も管轄しており、破壊工作も辞さない。活動範囲は広く、組織は巨大である。

日本への工作

これらの組織について、諜報関係者は、こう語る。

「日本に駐在し、工作活動を行っているのはSVRとGRU。それぞれ大使館のスタッフに偽装していることが多い。

最近も通商代表部の職員に偽装したSVRの要員が携帯電話の職員に接触し、機密情報を得ていたとして事件化したが、この要員は科学技術に特化した情報を収集する『ラインX』という部署の一員。

なお、SVRには、このほかに政治情報を担当する『ラインPR』、非合法活動を支援する『ラインN』、防諜を担当する『ラインKR』といった部署がある。

『ラインN』の存在が意味することは肝に銘じておくべきだ」

FSBの基本情報	
設立	1992年
本部	モスクワ
局長	アルクセンフク・ボルトニコフ
構成員	約35万人（推定）
予算	不明
所属	ロシア大統領

ロシアのインテリジェンス・コミュニティの概念図

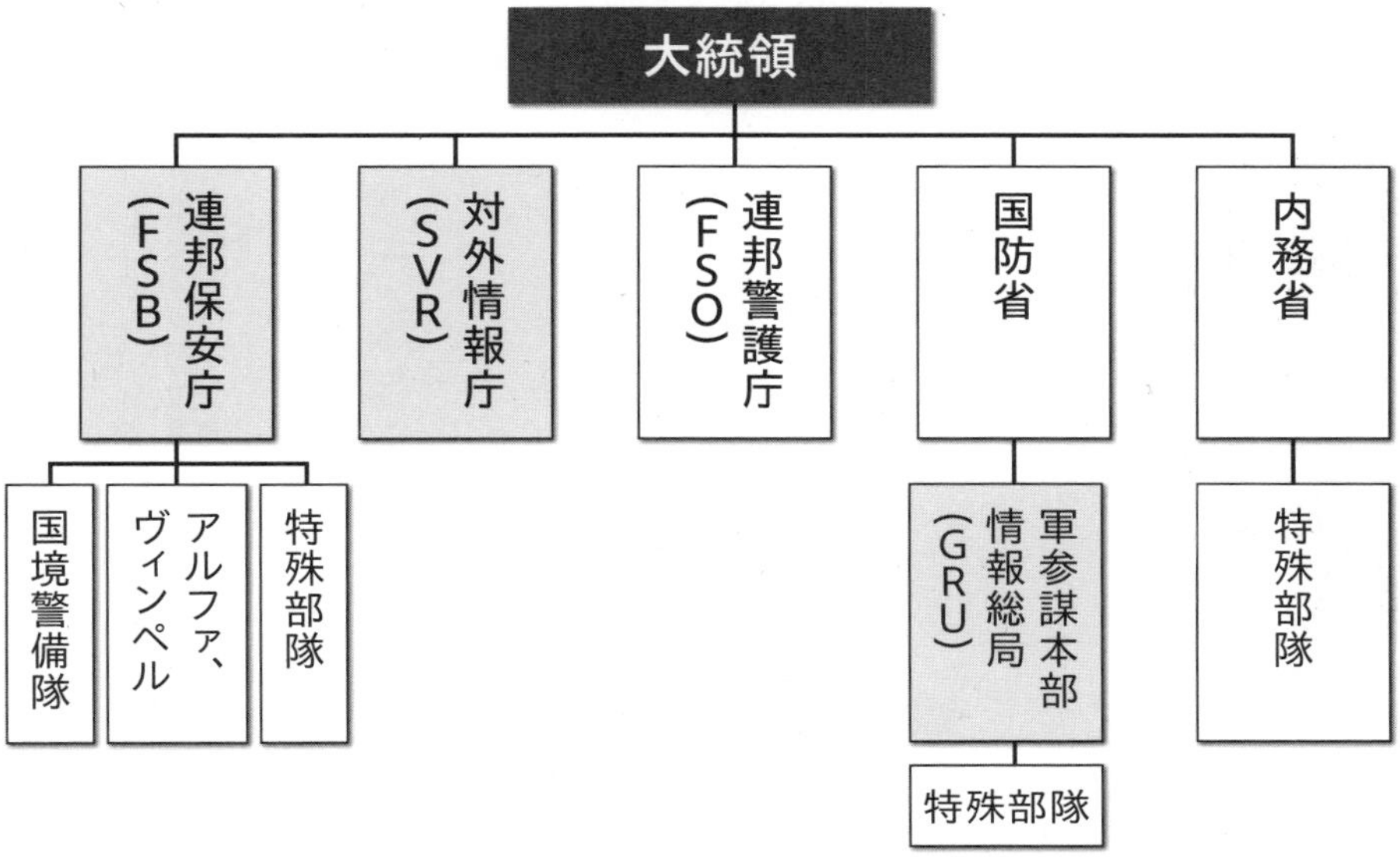

ロシア対外情報庁

KGBの国外部門を前身にもつロシア対外情報庁（写真：AP／アフロ）

ロシア連邦保安庁

連邦保安庁で演説するプーチン大統領（写真：代表撮影AP／アフロ）

GRUの基本情報	
設　立	1918年
本　部	モスクワ
行政官	イーゴリ・コスチュコフ
構成員	特別部隊だけで2万5,000人程度
予　算	不明
所　属	ロシア連邦軍

SVRの基本情報	
設　立	1991年
本　部	モスクワ
長　官	セルゲイ・ナルイシキン
構成員	1万人程度
予　算	不明
所　属	ロシア大統領

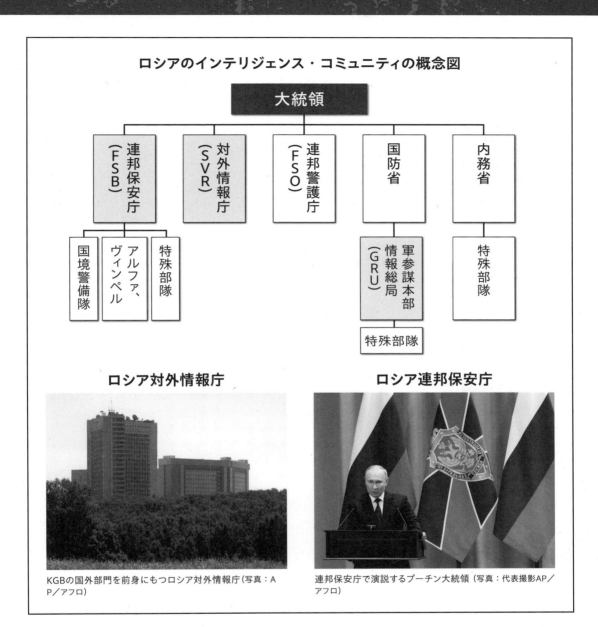

朝鮮人民軍偵察総局など

北朝鮮を支配する金正恩。北朝鮮には通称「3号庁」舎と呼ばれるスパイの巣窟があるという。その中心が朝鮮人民軍偵察総局だ。

朝鮮人民軍偵察総局基本情報	
設立	不明
本部	平壌市牡丹峰区域
部局	4～6部局
支援国	中国
工作員	日本だけで約2万人（うち特殊部隊が500人）
主な任務	工作員養成、潜入支援、対外スパイ派遣、対韓国諜報、拉致・暗殺など

朝鮮人民軍偵察総局（偵察総局）

諜報に加えて拉致や暗殺、破壊工作をも辞さないスパイ組織。サイバー攻撃なども担当している。また、経済的に困窮する北朝鮮の事情を背景に、密売・密輸による外貨獲得活動なども行う。亡命者らの暗殺などは、この組織が実行している。２０１７年にマレーシア・クアラルンプールで金正恩労働党総書記の異母兄・金正男が殺害された事件も、そのひとつとされる。

国家保衛省

スパイや反体制派の摘発を主任務とする防諜・治安機関だが、朝鮮民族や脱北者の多い中国の東北地方、香港、マカオ等でも活動しているとされる。

朝鮮労働党統一戦線部

中国と同様、韓国や日本などに居住している同胞をネットワーク化し、情報収集や宣伝・破壊工作などを行っている。在日本朝鮮人総連合会（朝鮮総連）はその有力ネットワークのひとつである。

日本への工作

「統一戦線部には日本人拉致の実行役を務めた在日の秘密組織『洛東江』をはじめ、在日朝鮮人らで構成される秘密組織がいくつもある。その組織は偵察総局と同じく、非合法活動を辞さない組織だ。

日本在住であるため活動能力にも長けており、危険な存在だ。

彼らはいま、独自の活動のほか、中国と連携した工作を数々、展開している。ここには偵察総局の要員も参画している」

諜報関係者は、そう解説したのだった。

そのうえで、全体を見渡し、最後に語った。

「いまの人員では防諜が徹底できないという厳しい現実がある」

諜報はおろか、防諜も十全には機能していないということのようだ。

万景峰号を報じる新聞

「疑惑の船」やはり

「韓国軍人獲得せよ」

指令文書に工作員番号

万景峰号スパイ事件

「疑惑の船」は、やはり工作活動に関与していた――。警視庁公安部が摘発した在日朝鮮人の工作員(72)の供述から、貨客船「万景峰92」号が工作活動の拠点として利用されていたことが明らかになった。寄港先の新潟や拉致被害者の家族らからは、今後も入港を許していいのかと怒りの声が上がった。〈本文記事一面〉

新潟港に入港した万景峰号（今月15日）

工作員は万景峰号を利用して活発に行き来していたと思われる

モデルはモサド

金正日はモサドをモデルに北朝鮮対外情報調査部を作った

北朝鮮諜報組織の概念図

国外	偵察総局	作戦部（工作員の養成、潜入支援）	通称「3号庁」舎
		対外情報調査部（外国にスパイ派遣）	
	統一戦線部	対韓国諜報活動（暗殺・テロなどの武力活動をする225部などがある）	
国内	国家保衛省	国内を監視・統制する秘密警察	

※組織の構成については諸説あり

金正男殺害事件

クアラルンプールで殺された金正日の長男、金正男（写真：AP／アフロ）

大韓航空機爆破事件

大韓航空機爆破事件を起こした金賢姫（写真：AP／アフロ）

国家保衛省、朝鮮労働党統一戦線部については不明点が多いため基礎データがありません。

column 1

スパイになろう！

裏の世界に生き、国家を支える孤独でニヒルな職業。それがスパイである…というのは戦前までのこと。今やスパイはエリートが独占する高級官僚である。

スパイを職業とする人々は日本にもかなり存在している

情報組織・情報機関といったものについて調べると、実は意外なほどに多人数を擁する巨大組織であることが理解できる。日本でも、トータルするとおおむね1万人前後は情報組織の人間ということになる。

日本国内でいえば、警察庁外事課、公安調査庁、防衛省情報本部、内閣情報調査室といったあたりが情報組織として認識されているが、ではどうしたらそれら情報機関に就職できるのか。

内閣情報調査室が日本の情報組織の中心ではあるが、やはりせっかく情報部員として活躍するのならば、軍属として働きたいものである。

ちなみに、内閣情報調査室に入るためには、国家公務員採用試験に合格し、内閣府に配属されない限りどうにもならない。そう考えると、東大法学部あたりに合格するのが第一歩といえようか。

防衛省情報本部に入るには二つのルートが存在する

さて、それでは本命の防衛省情報本部である。ルートは二つ。語学系職員として入るか、技術系職員として入るか。

語学系職員として受験する場合は、防衛省専門職員採用試験を受験し、「国際関係（英語・ロシア語・中国語・朝鮮語・フランス語・アラビア語・ペルシャ語・インドネシア語）」区分で高得点を取ることが第一歩となる。その上で、我が国の安全保障や諸外国の地域情勢（政治・外交・文化・民族問題等）に関する知識を持っているかどうかを確認し、採用が決定する。

要するに、語学能力が高くないと入れないということだが、これから人員を多く採用しそうな語学を選んで学ぶと、多少は有利になる可能性がある。また、意外と日本人に習得しやすいと言われているのがロシア語であるが、そういった意味でロシア語を学ぶというのも悪くない選択である。

技術系職員としては、大卒者であれば国家公務員採用一般職試験で「デジタル・電気・電子」区分を受験すること。高卒者試験であれば、「技術」区分で合格することが必要になる。その上で、探究心を持っていると判断されると採用されるようだ。

語学が得意であれば語学系職員として防衛省専門職員採用試験を受験し、語学よりも理系センスがある場合は国家公務員採用一般職試験を技術系職員として受験し、入省するということになる。

国家公務員採用試験に合格して内閣府に配属されるよりは、多少ハードルが低いが、決して簡単に入れるというわけではない。

警察庁等も同様で、日本のスパイは、何より高学歴なエリートでなくてはならないのだ。CIAなども、ハーバードなどの学閥が問題視されているようであるが、スパイも今や厳然たる官僚ということなのだ。世の中、結局はお勉強ができないとだめということだ。

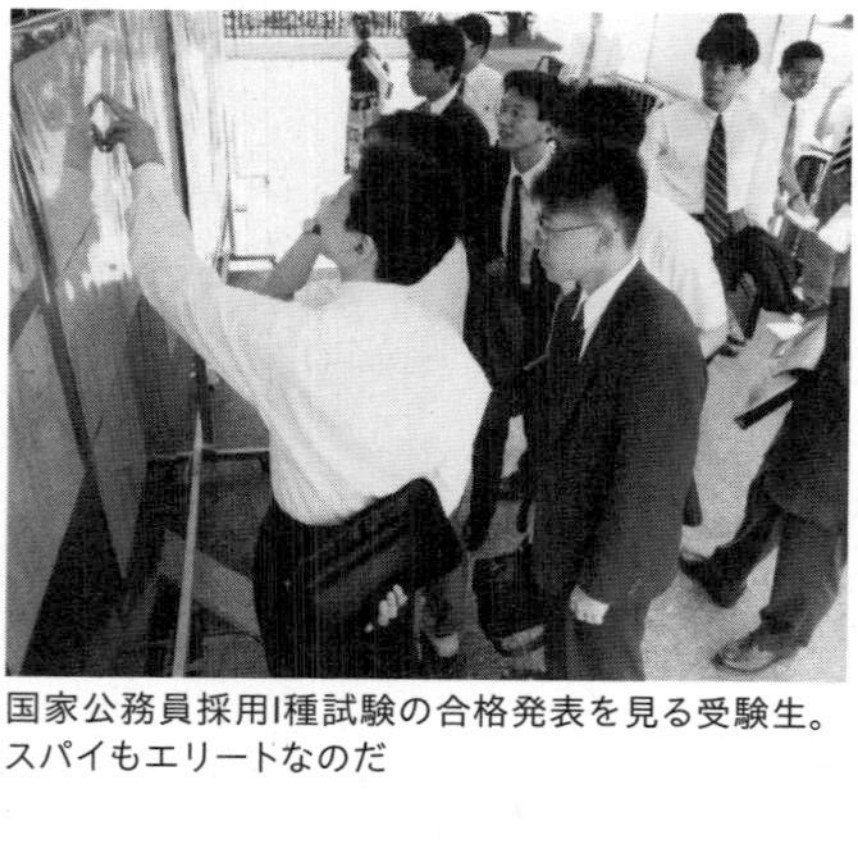

国家公務員採用I種試験の合格発表を見る受験生。スパイもエリートなのだ

第三章

世界各国のスパイ組織

第二章では紹介しなかった他国のインテリジェンスを解説する

著／編集部（別冊宝島2064号『世界の諜報機関』を一部修正して再録）

ドイツ連邦情報局本部（写真：ロイター／アフロ）

対外治安総局

小粒でも働きのある効率的な情報機関

フランスの対外治安総局は、小規模ながら素晴らしい働きぶりを見せ、中小国の情報組織の良い手本となっている。

13世紀から続く フランスの情報組織の伝統

フランスの情報組織の歴史は古く、ブルボン王朝のルイ13世の時代にまで遡る。

この時代のヨーロッパは、イギリス、スペイン、フランス、オランダなどが激しい勢力争いを行っていた時代であり、外交と軍事がもっとも重視された時代でもある。

ルイ13世は、宰相リシュリューを重用し、リシュリューは権謀術数を駆使して王を支えていた。不安定なブルボン王朝ではあったが、多数のスパイを用いて情報を集め、外交に公安活動にと、それら情報をもとに的確な対応を取ることでブルボン王朝は繁栄した。

ルイ15世の時代には、「国王の秘密情報部」と呼ばれる組織が設立されている。

彼ら情報組織の輝かしい経歴のひとつに、アメリカの独立運動がある。歴史にｉｆ（もし）は禁物だが、フランスの情報員の活動がなければ、アメリカの建国はかなり違った形となっていたはずである。アメリカがイギリス連邦の構成員となった可能性もあるし、複数の国家として分裂してもおかしくはなかった。

ナポレオンの時代になると、さらに情報組織は重視され組織が強化された。

第一次世界大戦でも彼らは大いに活躍する。第一次大戦でのフランスの勝利は、彼ら情報部の働きによるものとの見方もある。特筆すべきはヴェルダンの戦いで、ドイツ軍の侵攻を事前に察知したことで要塞の死守に成功している。

国防省が管轄する 小さくも機能的な情報機関

現在のフランスの情報機関は、大統領のもと、国家情報調整官が情報機関の窓口となり、国家情報会議が情報機関の活動方針を決定する形を取っている。

対外情報機関として根幹に位置付けられているのは、国防省が管轄している対外治安総局（DGSE）である。その前身は第二次世界大戦中、自由フランス軍が創設した情報・行動中央

DGSEの基本情報	
設立	1982年
本部	パリ市20区　モーティエ通り141番
定員	7,000名（2019年）
年間予算	8億8,000万ユーロ（2019年）
組織	国防省傘下で、戦略局、情報局、運用局、管理局、技術局の各部局がある。国防省の下には、ほかに軍事情報局、国防保護警備局などの情報機関がある

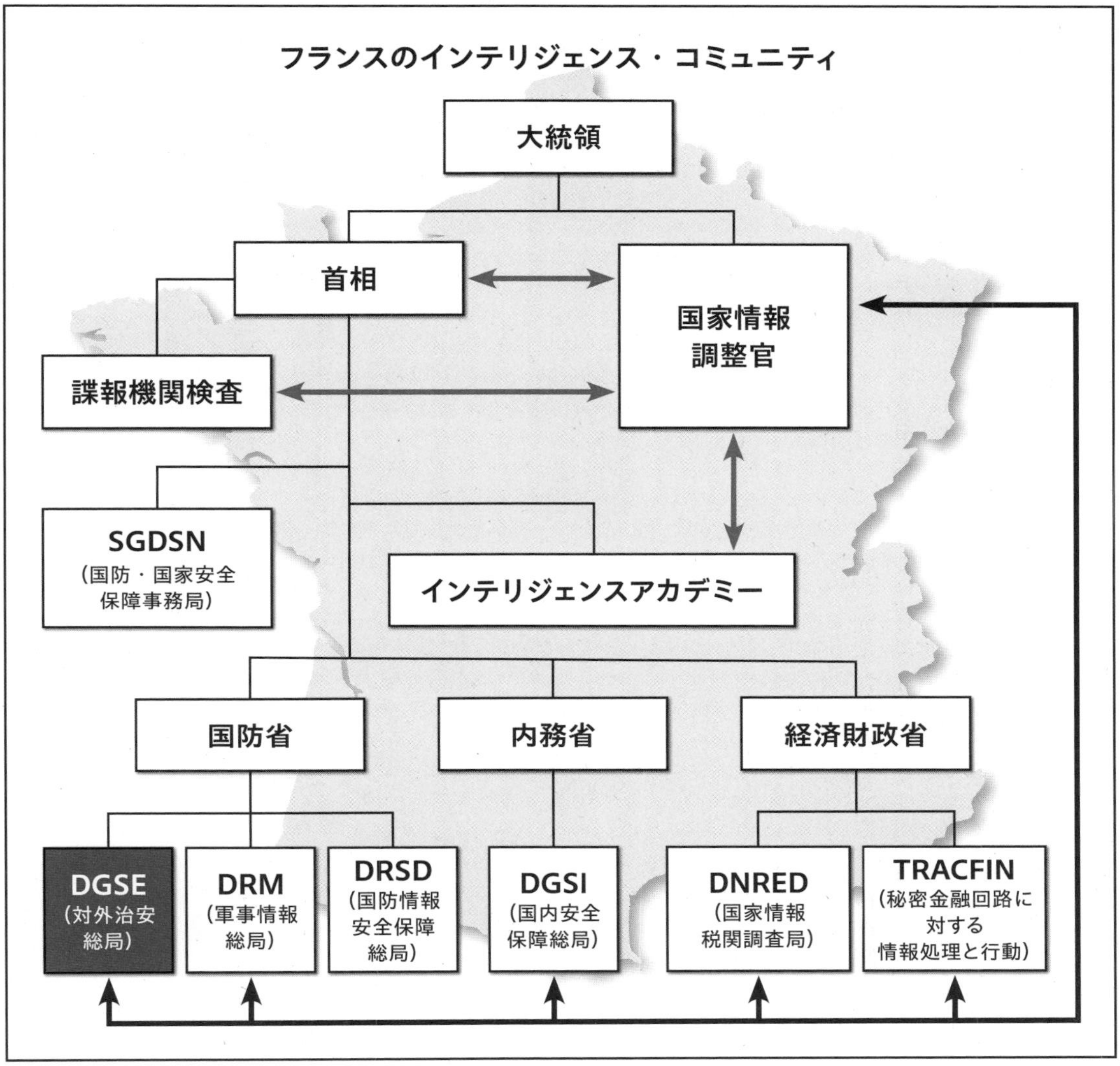

局（ＢＣＲＡ）で、戦後に防諜・外国資料局（ＳＤＥＣＥ）として再編成され、１９８２年に対外治安総局（ＤＧＳＥ）へと改称した。

同局は、人的インテリジェンスのヒューミントや、電子情報収集のシギントなど、アメリカなどではそれぞれ別組織が担当している活動をひとつの組織で行っている。

予算は、２０１９年度で８億８０００万ユーロ、人員は７０００名弱。アメリカの情報組織と比較するとケタ違いに小さな組織である。

ドイツやイギリスのそれと比較しても小さめであるが、年間７０００を超える報告書を諸機関に提出するなど、機能的で効率よく働く情報機関として高い評価を得ている。

フランスは、現在も複数の海外領土を持ち、海外、とくにイスラム系国家からの移民も多く、治安維持のためにも、彼ら情報組織はなくてはならない存在である。

対外治安総局以外にも、国内安全保障総局、国家情報税関調査局、国防情報安全保障総局、軍事情報総局などいくつもの情報機関がフランスにはあるが、どれも小規模である。しかし、国家情報調整官と国家安全保障会議を中心に、緊密に連携をとりあい、成果をあげている。

連邦情報局

参謀本部の伝統を受け継ぐ防諜組織

第二次大戦後のドイツは、分割され、東西冷戦の最前線に立たされた。そのため、ドイツ連邦情報局は、対ソ防諜を主任務として成立した。

BNDの基本情報	
設立	1956年
本部	ベルリン
定員	6,500人
年間予算	9億4,200万ユーロ
組織	首相府に付属し、他の情報機関と連携して活動を行う。歴史的にドイツは首相の権限が強く、そのため、首相府に付属する連邦情報局は、外務省、国防省の情報機関の上位的扱いを受ける

ドイツの情報機関の中心 歴史ある連邦情報局

各国同様、ドイツの情報機関も複数存在する。首相府が管轄する連邦情報局（ＢＮＤ）、内務省が管轄する連邦憲法擁護局、国防省管轄の軍事保安局の３つの機関が主たるもので、ほかに連邦電子情報保安局、連邦国防軍情報センター、連邦刑事局などが存在し、業務を補完している。

日本の情報組織で例えれば、連邦情報局が内閣情報調査室に近く、連邦憲法擁護局が公安調査庁か警察庁外事課、軍事保安局が防衛省情報本部というところであろう。

本項では、ドイツの情報機関において中枢的立場の連邦情報局について、おもに解説する。

連邦情報局は、ドイツ帝政時代の参謀本部第二部（参謀本部情報部）が源流であり、その流れを受け継いで存在している。

普仏戦争の勝利など、輝かしき歴史を持つドイツ参謀本部であったが、いつしか肥大化した参謀本部は政治力を行使し始めてしまう。結果、外交的に回避可能であった第一次世界大戦に突入。戦時下においては、組織が巨大化したことで情報収集部門と分析部門に対立が生まれており、そのため作戦上の齟齬が多数発生し、ドイツは敗北を喫してしまう。

ナチス・ドイツの時代においては、情報組織は親衛隊の情報部門のＳＤ、国防軍の情報部門であるアプヴェーア、秘密警察のゲシュタポを生み、１９３９年には国家保安本部を設立させ、ナチスによる独裁体制に情報組織は用いられた。

アプヴェーアはナチ政権と衝突することも多く、１９４４年に廃止されている。ヒトラー暗殺未遂事件が発生後、アプヴェーアの幹部が逮捕されているが、実際に関与したかどうかは不明である。

旧参謀本部のゲーレンが対ソ防諜を目的に設立

旧参謀本部のラインハルト・ゲーレンは、敗戦後は米ソの対立が政治の主たるテーマになると予想し、ソ連に関する資料を隠匿してアメリ

ドイツのインテリジェンス・コミュニティ

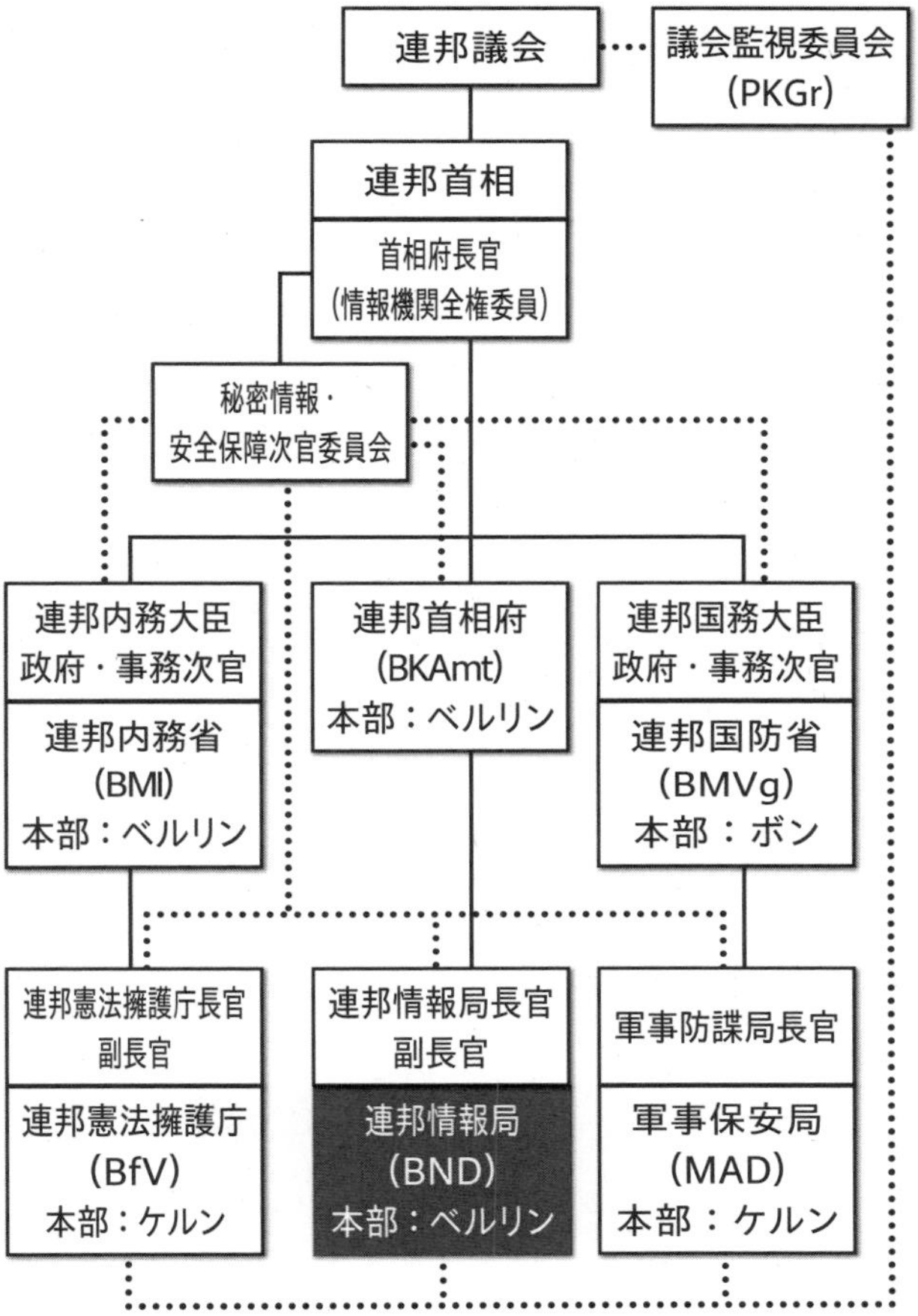

『インテリジェンスなき国家は滅ぶ』落合浩太郎編著　亜紀書房　より作成

ベルリンにあるかつての米国家安全保障局の傍受施設

諜報組織を作ったゲーレン

東部戦線のドイツ軍諜報責任者だったラインハルト・ゲーレンが、戦後対ソ防諜のための組織としてゲーレン機関を設立。後に連邦情報局へと改組される

カ軍に投降。戦後になると、アメリカ軍と情報部（後のＣＩＡ）の後押しを受け、対ソ連防諜組織「ゲーレン機関」を設立。東西ドイツが分裂した後は、冷戦の最前線で諜報活動を行った。

1955年、ゲーレン機関をもとにあらためて連邦情報局の設立を決め、ゲーレンは初代局長となる。

その後、何度か組織の改編が行われ、2009年にはそれまでの8局体制を12局体制へと変更したが、その後9局に戻し、人員も増加し強化された。

しかし、連邦情報局には英米仏露などの情報機関と比べると圧倒的に立ち遅れている点が指摘されている。それは、連邦情報局は、いわゆる工作・謀略活動を一切行わないということだ。

これは、ナチス時代に謀略を多用したことへの反省と、第二次大戦の戦勝国への遠慮からと思われる。

参謀本部時代の伝統を引き継ぎつつ、冷戦下で対ソ連・東側諸国との軋轢の最前線で活動したという特殊な成り立ちと歴史を持つ連邦情報局であるが、防諜力に特化するという意味では日本の情報機関に近く、学ぶべき点の多い組織である。

対外情報保安庁／国内情報保安庁

盗聴事件後に一新された新しい情報組織

ローマ文明を生み出した偉大なる国イタリア。近代のイタリアは文化の国としてのイメージが強いが、古代より続く軍事国家としての伝統も消えてはいない。

防諜能力の低いイタリアの情報組織

ドイツ人が日本人に言うジョークに、「今度やる時は、イタリアは抜きでやろうな」といったものがある。

これは、第二次世界大戦において日独伊3国が同盟を組んでいたが、イタリアがまったく役に立たず、むしろ足手まといのような形になっていたことを揶揄するものだ。

イタリアが勝手に北アフリカやギリシアで戦闘を始めて敗走し、これを助けるためにドイツは有力な兵力を割いている。この影響もあって、ソ連侵攻もイギリス本土攻撃も半端なものとなったという見方がある。

また、北アフリカ戦線へのドイツの輸送船が、地中海で度々連合軍に襲撃されているが、これらのうちかなりの部分が、イタリアの上級将校から英米のスパイに情報が流れた結果だといわれている。

第二次大戦時のイタリアの、防諜能力の低さの証明である。

戦後、1965年になってイタリアは国防情報庁を設立し、近代的情報組織を手に入れた。

1971年には、諜報機能を主とした情報・軍事保安庁（SISMI）と、防諜機能を主とした情報・民主主義保安庁（SISDE）に改組分割し、能力向上を目指した。

大規模盗聴事件を受けて情報部を大改革

2006年、イタリア政府を震撼させる大事件が発生した。

イタリア国内最大手の通信会社テレコム・イタリアの複数の幹部が、社内に数百人の盗聴担当者を設けて盗聴をおこなっていたというのである。盗聴対象には、スポーツ選手や有名タレント、政治家、宗教家などが多数含まれ、盗聴された情報をもとに様々な不正があった可能性が指摘されている。また、盗聴により不正に入手された情報を、イタリアの情報組織が利用していたとの観測もある。CIAとともにイスラ

AISE／AISIの基本情報	
設立	2012年（形成2007年）
本部	ローマ
定員	AISE（SISMI時代）2,223名 AISI（SISDE時代）1,339名
年間予算	不明
組織	首相府の管轄下で、対外情報保安庁（AISE）と国内情報保安庁（AISI）が置かれ、分析機関としてDISを設置

イタリアのインテリジェンス・コミュニティの基本構造

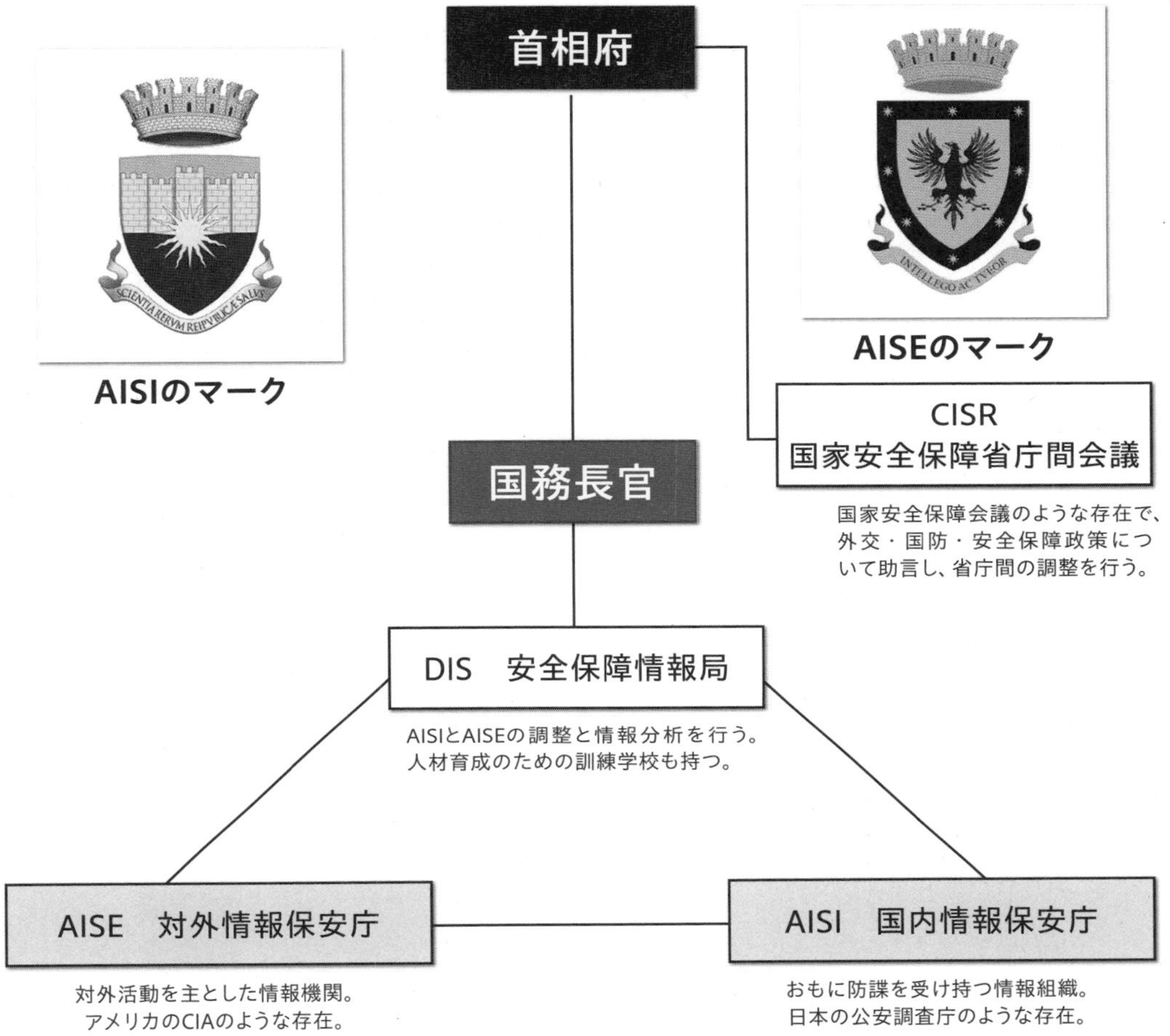
首相府
AISEのマーク
CISR
国家安全保障省庁間会議
国家安全保障会議のような存在で、外交・国防・安全保障政策について助言し、省庁間の調整を行う。
AISIのマーク
国務長官
DIS　安全保障情報局
AISIとAISEの調整と情報分析を行う。人材育成のための訓練学校も持つ。
AISE　対外情報保安庁
対外活動を主とした情報機関。アメリカのCIAのような存在。
AISI　国内情報保安庁
おもに防諜を受け持つ情報組織。日本の公安調査庁のような存在。

ム活動家を拉致した件で逮捕された国防省情報部の元幹部が、盗聴を指導していたテレコム・イタリアの幹部と頻繁に会っていたのである。

この事件を受けて、イタリア政府は翌2007年、情報組織の改革案を提出。12年に組織の大改革をおこなった。これにより、情報・軍事保安庁は対外情報保安庁（ＡＩＳＥ）に、情報・民主主義保安庁は国内情報保安庁（ＡＩＳＩ）としてあらためて設置された。

さらに、その調整と情報分析部門として、情報保安局（ＤＩＳ）を設置。ここには人材養成のための訓練学校も設けられた。

これら3つの組織より、首相府の代理として国務長官が情報・報告を受け、さらに、首相府の諮問機関として国家安全保障省庁間会議（ＣＩＳＲ）が置かれた。

イタリアの情報機関は、敵国やテロ組織のみならず、マフィア対策もその職掌として大きなボリュームを持っているが、特に「ンドランゲタ（カラブリア地方のマフィア組織）」対策には力を入れているという。しかし、改革以前には、情報機関の人間がマフィアと癒着していたという話もある。そしてそれは今も続いているとの噂もある。第二次大戦で情報が洩れまくっていたイタリアの、その根底に流れている気質は、変わっていないのかもしれない。

総合情報保安局

屈辱の中から立ち上がった情報機関

オランダの歴史は苦難の道である。だからこそ、積極的に国連の平和維持活動に参加している。それを支えるのが総合情報保安局なのである。

土地も狭く人口も少ないが世界有数の豊かさのオランダ

オランダの国土面積は約4万1500平方キロメートルで、ほぼ九州と同じ。日本全体の約9分の1で、国別でいえば、世界131位。人口は1760万人（2023年4月 国連人口基金）で、日本の約7分の1。世界では71番目ということになる。軍隊はというと、陸海空3軍および国家憲兵隊（オランダ王立保安隊）の4軍で、約3万3千6百名。

15世紀末頃まではスペインの領土であったが、独立戦争を勝ち抜き1648年に独立を果たす。その後、海運国として隆盛を極めたが、ナポレオン時代にはフランスの直轄領となり、ウィーン会議であらためてネーデルラント王国として復活。第二次世界大戦ではドイツに占領され、ドイツの敗北で都合3度めの独立を果たす。

そんなオランダではあるが、第二次大戦までは南米、アフリカ、東南アジアに植民地を持ち、列強のひとつに数えられていた。今もカリブ海などに海外領土を持ち、経済力も2023年のGDPでは世界17位と高いレベルにある。これが、個人の労働時間あたりのGDPで見ると、オランダは日本の1・6倍にあたる（2021年）。

つまり、オランダは世界でもっとも効率よく経済活動をしている国のひとつということになる。

AIVDの基本情報	
設立	2002年
本部	南ホラント州ズーテルメール
人員	不明
年間予算	不明
組織	テロ対策、過激派の動向調査、右翼、左翼の動向調査、対外防諜、過激な動物保護団体の動向調査などを行う

国連軍として屈辱を味わい情報組織を一変させた

第二次大戦が終了すると、すぐに情報機関は動き出した。当初は、ナチスへの協力者や残党狩りをしていたが、間もなく対ソ防諜の必要性から、国家保安局（BVD）が結成される。その後、対外防諜を目的とする対外情報局（IDB）も立ち上げられ、CIAとの協力のもと、対ソ防諜に当たることになる。

冷戦終了後は予算も削減され弱体化し、対外情報局は消滅したが、1995年のある事件により、情報部は強化されることになる。

そのとき、オランダは、バルカン半島のボス

ボスニア紛争

オランダ軍

オランダの出発点

写真説明

ボスニア紛争／1995年3月13日、サラエボのライオン墓地に埋葬される兵士。ボスニア紛争では、この時点で20万人以上が死亡・行方不明となっている。オランダ軍が国連軍として派遣された場所では、部隊の多くが撤退した後に、セルビアの軍によって、多くの住民が虐殺された。その教訓をもとに、あらたに総合情報保安局（AIVD）が内務省に、軍情報保安局（MIVD）が軍にできた(写真：AP Photo/Hidajet Delic/アフロ)

オランダ軍／オランダ軍は国際治安支援部隊などとしてさまざまな国に軍隊を派遣している

オランダの出発点／第二次大戦が終了した直後のハーグ。オランダの情報組織はここからスタートした

ニア・ヘルツェゴビナに国連軍として部隊を派遣していた。７００名いた部隊は一部撤退し４００名ほどになっていた。補給も滞って物資が不足していたとき、セルビア人部隊に包囲され、スレブレニツァという街で、守るべきボシュニャク人の住民８０００人以上が虐殺されてしまう。決定的失敗である。

事前に情報活動ができていればもう少し対処の仕方があったとの反省から、２００２年に情報部隊の改編を行い、ＢＶＤは総合情報保安局（ＡＩＶＤ）へと改組された。軍の情報機関として軍情報局（ＭＩＤ）があり、これも２００２年に改編拡張された（ＭＩＶＤ）。ちなみに総合情報保安局は内務省の機関である。

オランダ王室についての情報収集をしていたことで、一部に王室とは好ましくない関係にあるとの観測もあるが、王族が外国訪問をする際には、常にＡＩＶＤの職員も随行しているといわれている。日本とオランダとは友好関係にあり、国連平和維持軍の活動では、自衛隊のために便宜を図ってくれることもあるという。

総合情報保安局は、特にイスラムテロネットワークの監視を行い、ＣＩＡなどと連携を取っている。オランダの情報組織は、産業部門の情報収集をも行い、自国の大企業に提供しているという点が他国のそれとは大きな違いである。

バチカン市国

世界で最も小さく最も影響力のある国家

バチカンは国家だが、多くの専門家が世界最大の情報組織であるという。それは13億のカトリック教徒がある意味、情報員で兵士だからだ。

常に戦争と外交の中に存在した血なまぐさい宗教団体

バチカンの規模は極めて小さく、国家予算も日本円にして300億円程度である。これがどの程度かというと、日本の市町村でいえば少し大きめの市の予算より小さい程度である。埼玉県所沢市の3分の1、さいたま市の20分の1の予算と聞くと、あまり大きな数字ではないことが理解できよう。

財源は宗教関係図書の出版、美術品製作、市内観光の観覧料、信徒からの募金でまかなわれている。しかし、この金額はあくまで国としての表向きの予算であり、宗教団体としての予算は別である。国家運営とは別に、バチカンは多額の宗教資金を投資運用している。この金の動きは外部からはうかがい知ることができないが、こちらは兆を超えると噂されている。

ローマ・カトリックの総本山であるバチカンは、政治的にはあくまでも中立で、清廉なイメージがある。が、これは日本人が宗教に対して勝手に付帯させているイメージであって、本質的には血なまぐさいほどに政治的な存在である。

ローマ帝国時代から今日まで、常に法王庁は政治と戦争の中にあり続けた。

第二次世界大戦では、ヒトラー率いるナチス・ドイツと深い交流を持ち、イタリアのファシスト党への協力もおこなっていた。そもそも国家としてバチカンの独立を承認したのが、ファシスト党の党首ムッソリーニである。

戦争末期には、多くのナチ党員の国外脱出を手伝い、枢軸側の敗戦が確定的になると、多数の司祭が各国に政治亡命を果たしている。

ナチ党員の受け入れ先であった南米諸国や、ソ連にも多くの司祭が亡命しているが、ソ連が彼らを受け入れたときの窓口は当然ながらKGBであり、今もロシア情報部にバチカンは友好的であるという。ちなみに、KGB出身のプーチン大統領は、6度もバチカンを訪問している。

戦国時代から続くカトリックの情報収集

バチカン市国の基本情報	
設立	紀元326年
設立者	コンスタンティヌス1世
現在の代表者	フランシスコ
本部住所	イタリア、ローマ市内
規模	人口825人（2019年）。教徒、13億4,000万人
組織	カトリック教会総本山。世界最小の独立国であり国連加盟国。国境を越えカトリック教会と正教会を統治し、プロテスタントにも影響を与える

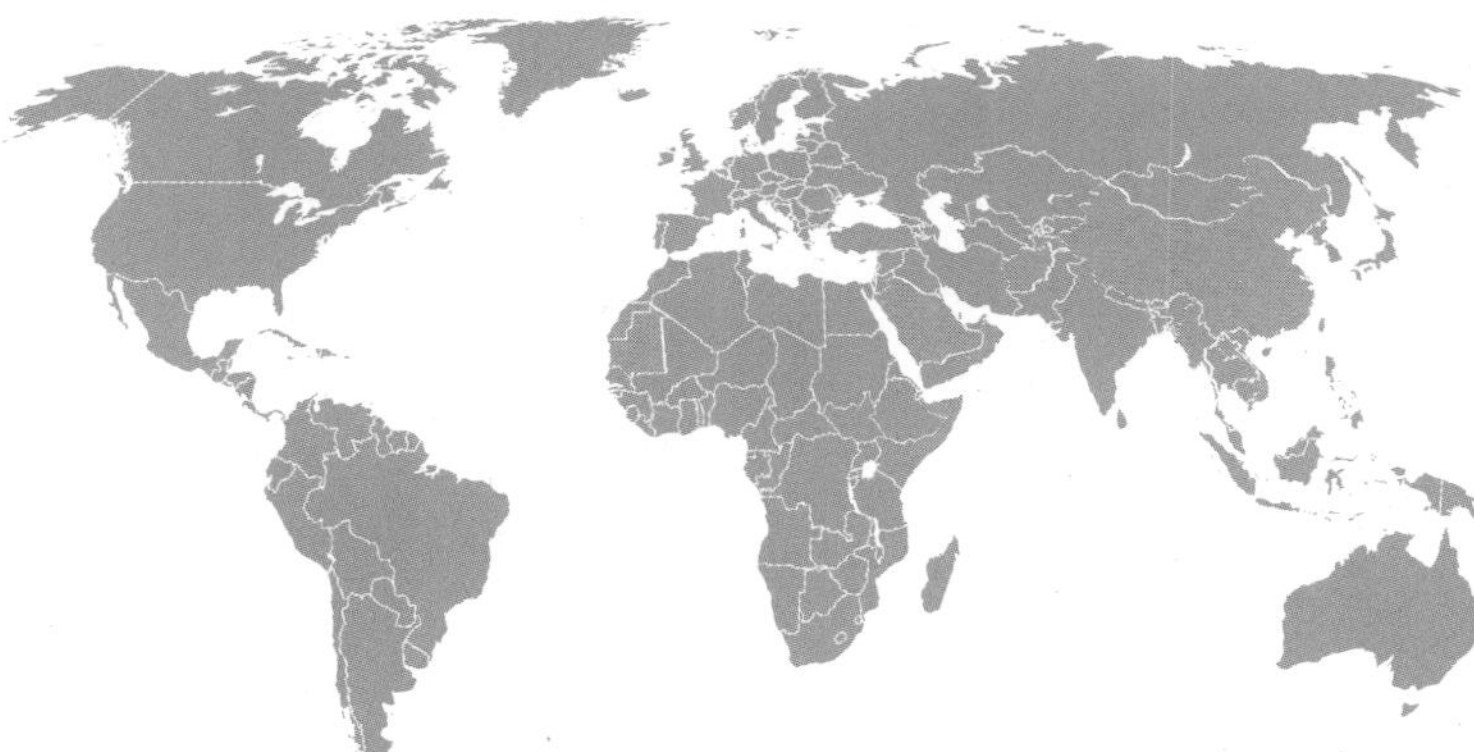

カトリック信徒は、全世界で13億人に上るといわれている。ロシアのカトリック信徒は約60万人だが、プーチンはバチカンを何度も訪問しており、ロシアに対してもバチカンは影響力を持っているものと考えられる。また、ロシア正教とカトリック教会とは、お互いに反発してはいるが、近年ではその接近が噂されている
［写真：写真素材無料壁紙より http://sozai.picwp.net/sozai.htm］

バチカンが外交使節を派遣している国々　派遣している国　派遣していない国

バチカンに情報をもたらす者は、各国に散っている司祭たちである。

日本の戦国時代に、イエズス会などの宣教師たちが本国に詳細な報告書を送っていたことはよく知られているが、その伝統は今も脈々と息づいている。

「洗礼」による情報収集も見逃せないだろう。各教区の司祭は洗礼を施すときに各個人の情報を記録している。教区の情報はより上位の大教区、国ごとの指導者の手を通じてバチカンへと集められる。つまりバチカンは、カトリック信者13億人の名簿、家系図を持っているわけである。

カトリック信徒の政治家も世界中に存在し、彼らはその国の政治家であると同時にカトリック教徒として生き、行動する。

バチカンの人口は２０１９年度で８２５人。東京の代々木公園よりもわずかに狭い広さのこの国が、１７９もの国と地域に大使または外交使節を派遣しているのである。

バチカンは人口８２５人の国ではなく、実質は信者13億４０００万人から構成される巨大な国なのだ。そしてその力の源泉に、世界中の外交使節、司祭や信者からもたらされるさまざまな情報がある。まさに、バチカンこそが世界最大の情報組織と呼べる存在である。

安全情報局

国境警備隊を起源とする諜報機関

カナダの安全保障に関する国内外の情報収集と分析を行い、政策立案や軍の戦略策定、テロリズム対策などに資する国家機関。

国際テロ対策や対スパイ活動、サイバー攻撃に対抗する

カナダの安全保障に関する国内外の情報収集と分析を行い、政府に報告をしながら政策立案や軍の戦略策定、テロリズム対策などに資する国家機関が、カナダ安全情報局（ＣＳＩＳ）である。

ルーツは１８６４年に創設された国境警戒を行う西部辺境隊である。第二次世界大戦以降、規模を拡大し、１９８４年に公安警察から独立した情報機関として設立。本部はオタワにあり、内閣では公安省に属する。

組織としては、局長以下、人的資源・作戦支援や国際テロを専門とする「作戦担当部」、情報評価や保安審査を専門とする「情報担当部」、科学・技術サービスや国内保安を専門とする「調整担当部」などから構成される。

公式ホームページによれば、ＣＳＩＳはテロリズムや大量破壊兵器の拡散、スパイ活動、外国からのサイバー攻撃などへの警戒を重視するとしている。

ＣＳＩＳの広報官は２０１２年９月、カナダのメディアの取材に答える形で、カナダの多くの大手企業幹部が中国のハッカーに狙われている実態を警告している。カナダがセキュリティの不備からスパイ活動のターゲットとして魅力的な存在になってしまっているとしたうえで、「特に狙われているのは通信、バイオテクノロジー、鉱業、エネルギー、宇宙開発などに関連する企業である」と警告している。

中国の動きに警戒を強める局長自らがチャイナ批判

また、２０１２年７月に中国の国営企業「中国海洋石油」がカナダのエネルギー企業「ネクセン」を買収する計画に、カナダ政府が承認する動きを見せたところ、ＣＳＩＳは「外国政府の情報機関と関連が深いと見られる企業（注：中国海洋石油のこと）が、カナダにとって経済戦略上の重要な部門をコントロールしようとしている」と取り上げ、中国国営企業の動きがカナ

CSISの基本情報	
設　立	1984年
起　源	国境警備隊（1864年）
所　属	公安省
本　部	オンタリオ州オタワ
主な任務	カナダの安全保障に関する国内外の情報収集・分析、軍の戦略策定、テロリスト対策など

カナダ安全情報局

カナダ・オンタリオ州オタワにあるカナダ安全保障情報局（CSIS）本部の外にある標識（2017年1月17日、写真：ロイター/アフロ）

カナダのスパイグッズ

CSISは公式サイト上で、過去に使用してきた「スパイグッズ」を公開している。写真は双眼鏡タイプの特殊カメラ

カナダのインテリジェンス・コミュニティ

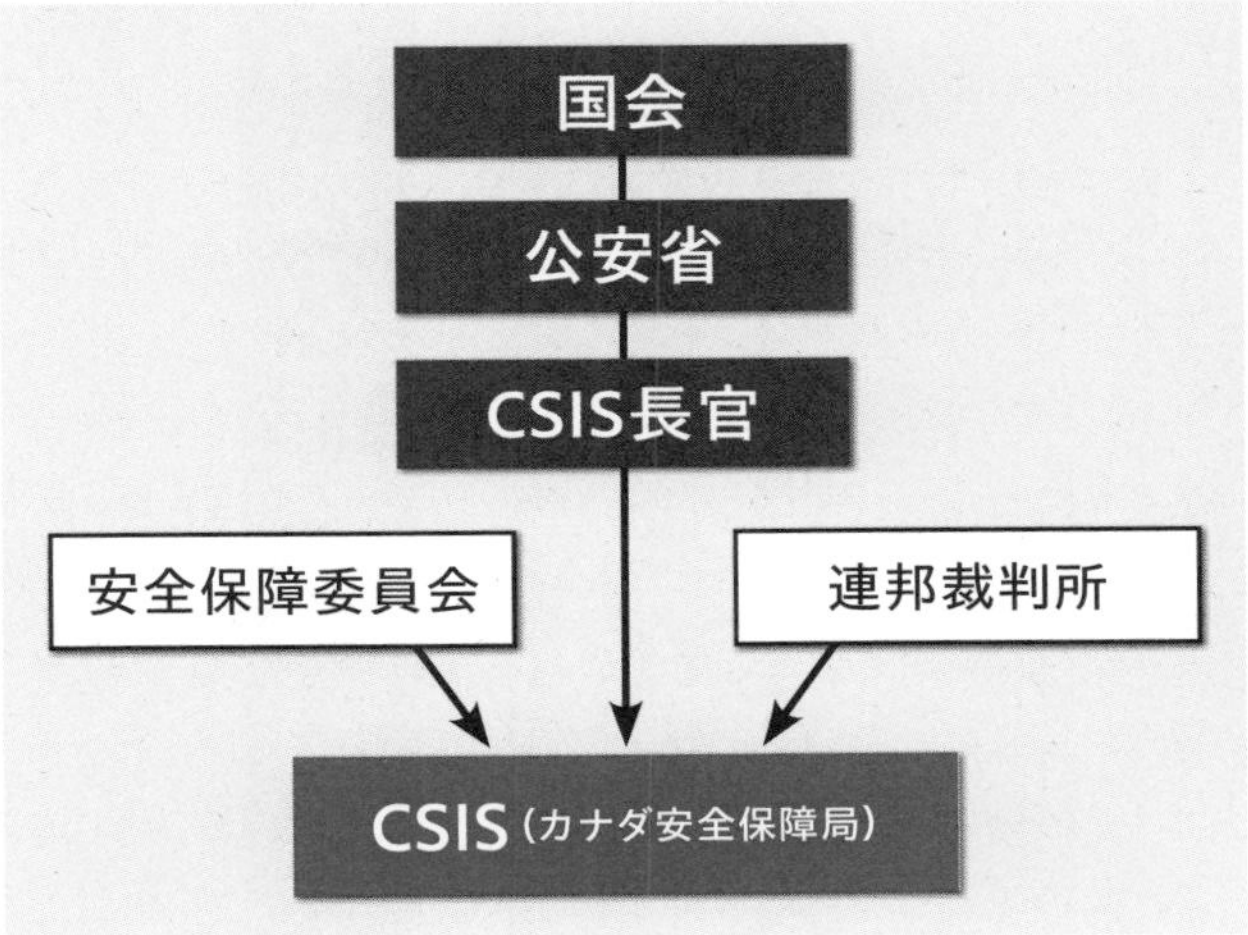

ダの安全保障上のリスクになっていると注意をうながした。非合法な技術移転やスパイ活動が中国から頻繁にしかけられていることや、カナダ政府の危機管理意識の希薄さについて、CSISが強い懸念を示したものと思われる。

　CSISのリチャード・ファデン局長（当時）は2010年、国営テレビの取材に答え、カナダ国内の政治家が外国政府の餌食になっていると暴露。少なくともカナダの二つの州の高官が外国政府からのある種の〝制御〟を受けており、中でも中国共産党からのアプローチがとりわけ活発であると示唆する発言をした。

　局長によれば、「一部の外国政府」は無料で高官を招待し、これを利用して自身のスポークスマンになるように仕立てるといい、これこそが中国のロビー活動における常套手段だと警告している。

　また、「新華社は中国当局の諜報機関だ」とも発言し、中共スパイはすでにカナダ政界の潜伏に成功したと警告している。新華社が旧ソ連のタス通信をモデルに作られた通信社タイプの諜報機関であることは、関係者の間では公然の事実だったが、局長はこれをあえて公の場で批判的に述べたのである。中国の動きに対する強い警戒心が窺える。

オーストラリア

保安情報機構

テロ、スパイ対策が主任務の諜報機関

MI5やCIAなど連合国のノウハウを得て戦後発足した豪州インテリジェンス機関。独自のスパイ衛星の獲得を目指して米国との情報共有を開始。

ユダヤ系豪州人が謎の自殺 正体はモサドのエージェント

オーストラリア保安情報機構（ASIO）は、豪州国内の情報収集・分析を行う専門機関とされているが、実際にはテロ、スパイ対策を目的に、国外での情報対策や防諜も主任務のひとつである。ASIOは第二次世界大戦後の1949年3月、「保安機関の設置及び維持に対する命令」により、連合国からノウハウの支援を受けながら創設された。初代長官には元豪州軍情報部長、チャールズ・スプライが就任している。

現在の根拠法は79年に制定された「オーストラリア保安情報機構法」で、長官は司法大臣に任命される。

ASIOの名が世間をにぎわせたのは2013年2月のことだった。ユダヤ系豪州人のベン・アロンが、イスラエルの刑務所で首を吊って死亡しているのが発見されたのである。

調べによると、アロン氏はイスラエルの諜報機関モサドのエージェントで、過去にいくつかの誘拐殺人事件などに絡んでいたと噂されていた人物だった。

また、数年前にあるイスラム過激派指導者の暗殺をモサドが遂行するにあたり、実在の一般豪州人の名前を借りた偽造パスポートの存在が発覚。そのミッションにもアロン氏は関係し、さらにASIOとも定期的にコンタクトを取っていたと見られている。アロン氏はスパイとして腕が立った反面、口が軽く、重要機密の多くをASIO関係者に漏えいし、これがモサドの逆鱗に触れたのではと推測されている。

アラブ系諜報員の獲得が課題 独自のスパイ衛星獲得を模索

近年におけるASIOの悩みのひとつが、豪州国内に1000人以上いると言われる中国人スパイと、国際テロ組織と関係しているムスリム過激派の存在である。ASIOではこの事態に対処するため、非英語圏の新規スパイのリクルートを04年以来、積極的に推し進めている。

国内の中国人街やムスリム・コミュニティに

ASIOの基本情報	
設立	1949年
根拠法	オーストラリア保安情報機構法（1979年成立）
本部	キャンベラ
長官	マイク・バージェス
人員	約2,000人
組織構成	情報収集部、防諜・保安部、対スパイ部、調整管理部、政府連絡部など

ユダヤ系オーストラリア人の謎の死

モサドのスパイの死を報じるイスラエルメディア

AUKUSを結成

オーストラリアは2021年に米英両国と安全保障協力枠組み「AUKUS（オーカス）」を結成。オーストラリア政府はAUKUSの枠組みで合意後、原子力潜水艦の導入計画などを進めている。一方、保安情報機構のマイク・バージェス長官（写真の人物、オーストラリア保安情報部機構の公式ホームページより）は2023年2月に年次脅威評価で、防衛産業を標的にしたスパイ行為が「顕著に増加した」と明らかにした。防衛産業で働く人々を対象にオンラインを通じて情報を盗み取ろうとする企てが急増したと説明している

公式ホームページ

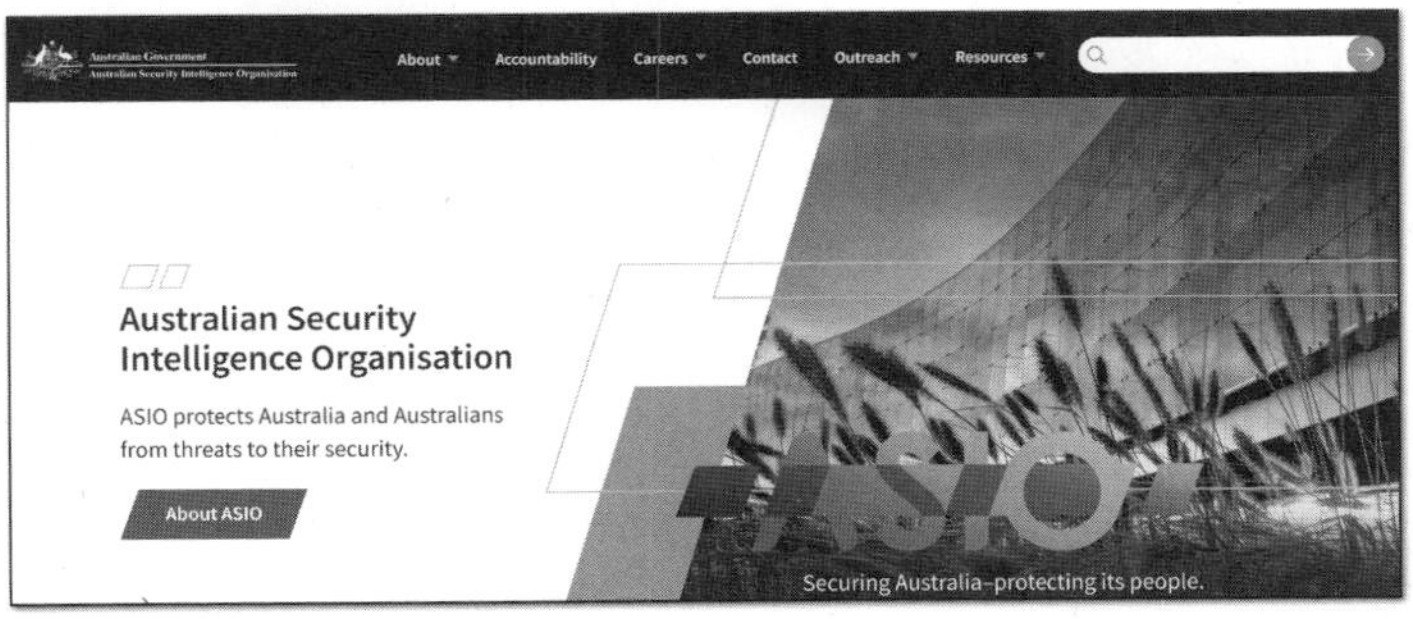

ASIOの公式HP

潜入し、ホットな情報収集を図りたいというのがＡＳＩＯの狙いだが、中国語はともかく、アラビア語の新規スパイの獲得に非常に苦労していると伝えられている。

関係筋によると、10年で新規雇用できたアラビア語圏のスタッフはわずか10人程度。採用にあたっては中東での行動も詳しく調べあげるなど、身辺調査を徹底する必要があるため、時間と経費が他の文化圏より数倍かかってしまうのも理由のひとつだという。

一方、米豪がスパイ衛星の情報共有化に合意し、既に08年に協定を締結していたことが、ウィキリークスが公開した漏洩公電であきらかになっている。豪州は環太平洋での監視活動を強化するため、将来的には独自のスパイ衛星を購入する方向だと見られている。

この提携により、米の監視衛星や偵察飛行機から送られてくる映像などをもとに、多くの地理空間情報の共有と、衛星管理のノウハウを獲得することが可能となっている。

とはいえ、ウィキリークスから明るみに出たその情報は、米大使館の機密公電から漏れたと考えられることから、情報共有に不安を持つＡＳＩＯ関係者が少なくないとの話も出ているという。

諜報特務庁

CIAを超える世界最強のインテリジェンス機関

諜報能力と作戦遂行能力は世界トップ。アラブ諸国のあらゆる政府機関に入り込み、アラブ社会でイスラエルに見えていない物はひとつも無い。

ISISの基本情報	
創設	1949年
上級部隊	情報長官会議
通称	モサド
形態	首相直轄
根拠法	無し
人員	7,000人
長官	ダビデ・バルネア
任務	対外情報の収集、分析、テロ対策、海外における協力者網の獲得

首相直轄の最強諜報組織 アラブの極秘会議も筒抜けに

世界最強の諜報機関は、米CIAでもロシアFSBでもイギリスMI6でもなく、イスラエルのモサド（ISIS）やシャバックであるというのは、多くの専門家の一致した意見である。

モサドは首相直轄の情報機関で、主に対外諜報活動と特務工作を担う（対してシャバックは主に国内及びイスラエル軍占領地区で治安維持活動や防諜活動に従事する）。活動根拠となる法律や憲法が存在しないため、厳密には法的に存在しない組織ということになる。そして、このモサドとシャバックの他に、法的に定められたアマンという国防参謀本部の下にある国防軍情報部がある。このアマンから選ばれたメンバーがモサドやシャバックに移っていく。これらの諜報機関にはイスラエルの総人口の0・2％弱にあたる1万5000人が従事しているという（日本の人口の0・2％は24万人）。

参議院議員の青山繁晴氏は「アラブ諸国のあらゆる政府機関にイスラエルのスパイが入り込み、今やアラブ社会でイスラエルに見えていないところは1ヶ所も無いとさえ言われている」と話す。

また、別の関係者は「原油価格に関するアラブの極秘会議の内容もイスラエル側に筒抜けになっている」と証言している。

諜報ネットワークを世界中の隅々まで張り巡らしているイスラエルの諜報機関は、アメリカやロシアでさえまったく掴んでない情報を、どこよりも早く獲得していることが多い。

一般に、その凄さを説明する際、「ユダヤ人が世界中にいる特殊性」が持ち出される。もちろんそのアドバンテージはあるが、実際にヒューミント（人的諜報活動）で情報収集を行う場合、イスラエル人同士よりは、現地の国民をスパイとして動かすことが多い。アラブ諸国の政府中枢や軍幹部の当局者が、イスラエルのエージェントとして活動しているのである。

これらの組織としての存在意義は、国家の安全保障のためにアラブ諸国に関する情報収集を

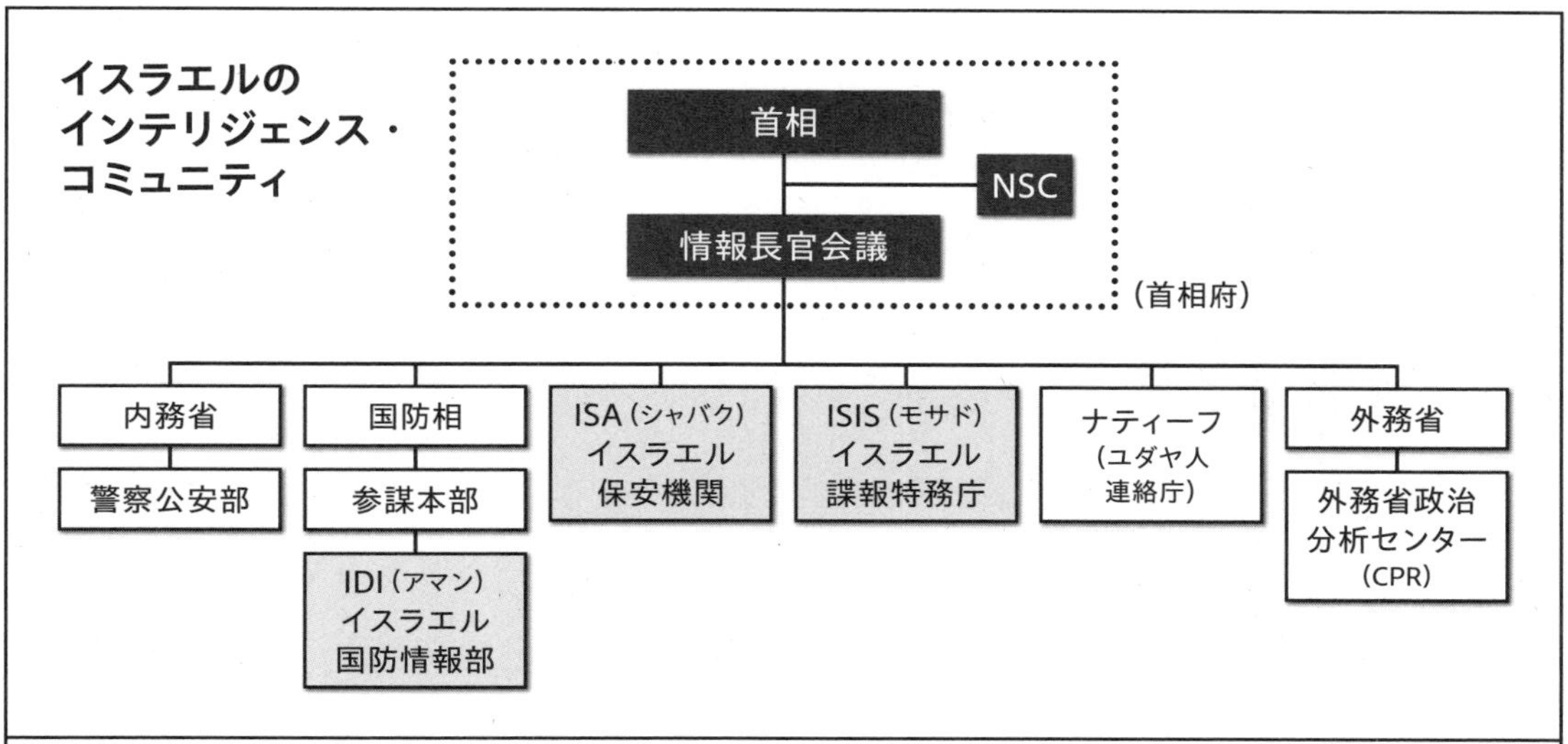

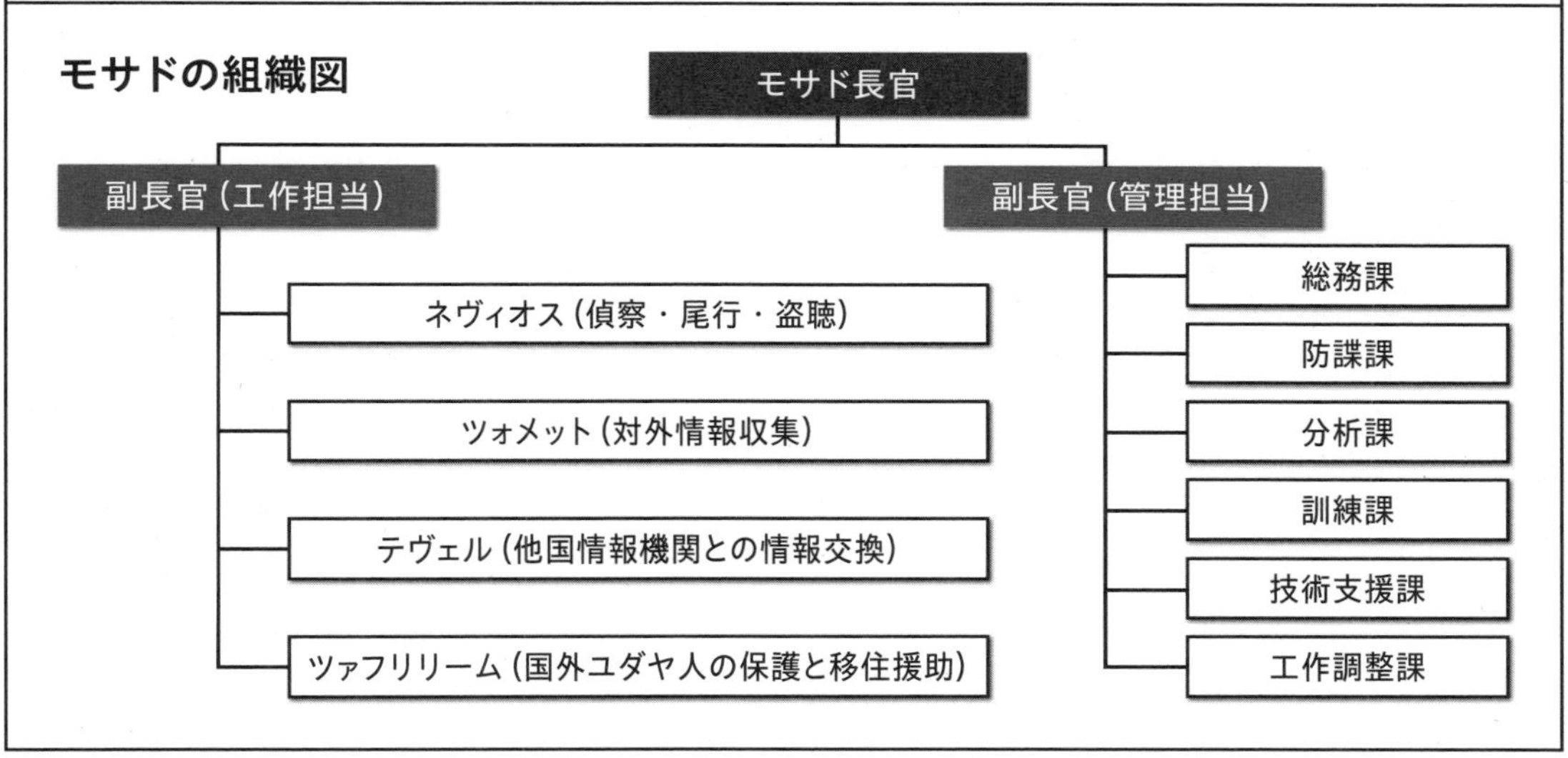

行うということに尽きる。

イスラエルが建国時に立てた外交戦略はある意味シンプルで、周辺アラブ諸国に対抗するために、その外側に位置するトルコやイランなどとの関係性を強めるというものだ。

海外潜伏の元SSを拉致 恐るべき作戦実行能力

イスラエルの諜報機関のなかでも、特にモサドが世界にその実力を最初に示したのは、1960年の「アイヒマン捕獲作戦」の成功だ。

ユダヤ人のホロコーストの中心人物であった元SSのアドルフ・アイヒマン中佐が第二次世界大戦後、連合国の追及を逃れてアルゼンチンに逃亡した。地下に潜って完全に姿を消した際、モサドは現地のドイツ人ネットワークをフル活用し、2年かけてアイヒマンの息子の動きを追い続け、ついにブエノスアイレス郊外で、偽名で暮らすアイヒマンを拘束。同時期に国賓としてアルゼンチン入りしていたイスラエル政府の代表団に変装してエル・アル航空（イスラエルの国営航空会社）に乗り込み、テルアビブへの移送を成功させた。これにより、世界はイスラエルの諜報能力と作戦遂行能力の高さを知ることになった。

column 2

第二次大戦時の暗号

軍事通信とともに発達した暗号技術。現在では、ネットなどの通信では必須な技術であり、開発競争も激しい。

近代的暗号の基礎となったエニグマ

文字、ないしは一定の文字列を別の文字列に置き換えて第三者に解読できないようにする方法を暗号、あるいは暗号化と呼ぶ。

第二次世界大戦中、ドイツが使用した有名なエニグマ暗号機は1文字を入力すると別の文字を出力するシステムで、一度でもキー入力があると内部のローターと呼ばれる文字を置換する円盤が動いて、次に同じキー入力があっても別の文字が出力されるようになっていた。

文字列の組み合わせは10の32乗にも上るというが、この組み合わせを個人でひとつずつ確認していた場合、ひとつの文字すら、一生かかっても確認することはできないだろう。

実はこのエニグマという装置、換字の組み合わせは多いが機械構造は単純で、タイプライターのような外観とサイズで、3万台が製造されている。

暗号を平文に戻す作業を復号と呼ぶが、エニグマの場合、初期のローター配列がわかっていれば、暗号文を打ちこむだけで復号できるという簡便さがあった。

しかし、エニグマは連合軍により早い段階で解読され、ドイツ軍の敗北の理由のひとつとなった。

より単純な暗号化の方法としては文字列をずらす方法がある。アルファベット表の2文字後を読むようなやり方である。つまりAの文字をC、Cの文字をEと置き換えるのだ。たとえばだが、CATという文字列はECVに暗号化されることになる。

単純だがキーがないと解けない解読困難なコード式

この方法では暗号化のキーが単純すぎるので乱数表というランダムな数字列を決めておいてキーとする。

こちらだと事前に乱数表を知らないと解読できないので安全であるが、別の方法で乱数表を共用しなければならない煩雑さがある。1日ごとに指定の乱数表を使う、あるいは乱数表を使い捨てにするなどの方法があるが、このように一定の方法で文字を置き換える方法をサイファと呼ぶ。

北朝鮮がラジオで数字の羅列を放送していた時期があるが、これはこのタイプの暗号を伝えていたのだと考えられている。

他方、旧日本海軍の開戦符帳である「ニイタカヤマノボレ1208」は「真珠湾攻撃12月8日」を表し、文字列を入れ替えるコード式という方法である。単純で破られてしまいそうだが、開戦中止を意味する「ツクバヤマハレ」、などが存在しておりすべての符帳を知らないと解読できない。

なお、ニイタカヤマ……は平文ではなくサイファ暗号で発信されている。海軍は二重に暗号化していたことになる。

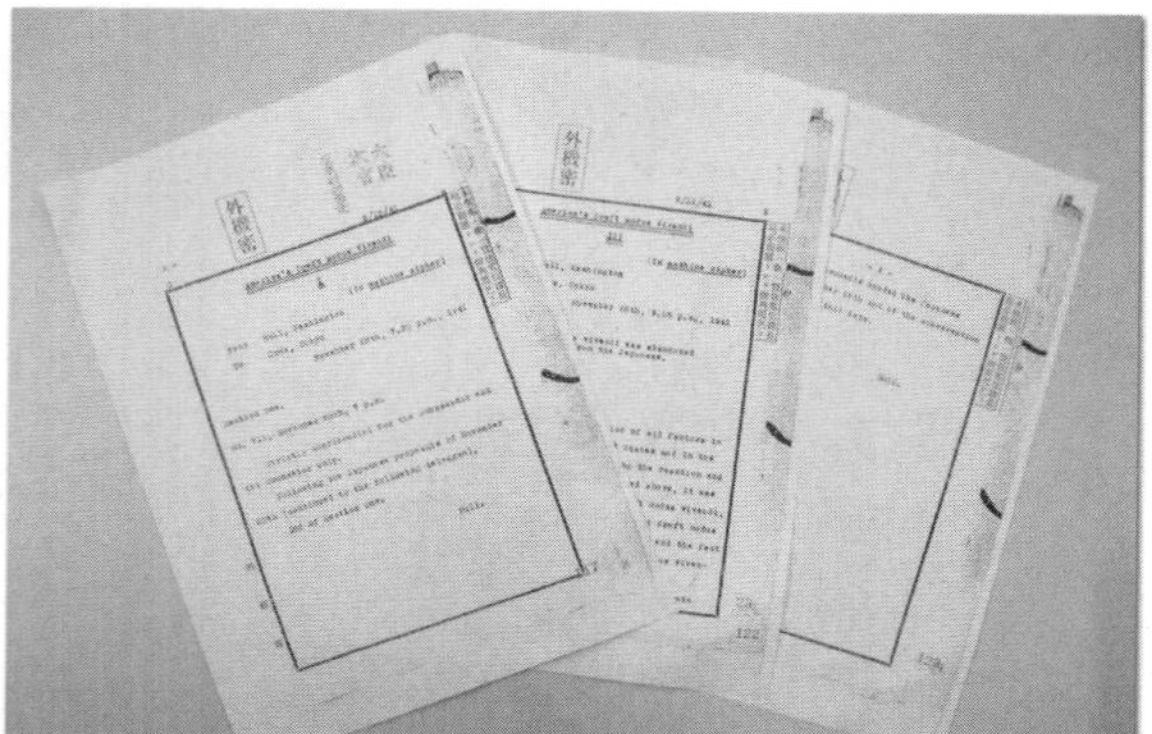

日本も外国の外交文書を解読していたことを示す外務省の保存資料

第四章

日本のスパイ組織

この章では、日本のインテリジェンス・コミュニティを解説する。形だけは整っているが……

著／編集部（別冊宝島2064号『世界の諜報機関』を一部修正して再録）

内閣情報調査室のある建物（写真：アフロ）

CIRO

内閣情報調査室

日本のインテリジェンスの中枢

「日本版ＣＩＡ」と呼ばれる内閣情報調査室は、日本の情報組織の頂点であり、国内のインテリジェンス・コミュニティのまとめ役である。

インテリジェンスにも影を落とす縦割り行政の悪弊

日本の官僚・行政は、一般的にみて他国のそれよりもおおむね優秀であるといえよう。学歴優秀なエリートが勤勉に働き、そして贈収賄のような問題もさほど多くはない。

しかし、問題点がまったくないわけではなく、官僚主義や縦割り行政の悪弊は、明治以降常に問題とされ続けている。インテリジェンスにおいてもその縦割り行政の悪影響は強く、いくつもの組織がそれぞれバラバラに存在し、その統括はまったくなされていなかった。

日本において公的機関として情報活動を行っているのは、「内閣情報調査室（ＣＩＲＯ。以下、内調）」「防衛省」「外務省」「公安調査庁」「警察庁（外事課）」「海上保安庁」などである。他の省庁にもインテリジェンス的な活動をしている部署はあるが、その規模はさほどに大きくはない。内調は内閣官房に所属し、本来的には他のインテリジェンスを統括する立場にある。人員は２００名ほどで、半数は外務省や警察庁などからの出向組である。

これまで、自民党政府はインテリジェンスの強化を目指してきた。中曽根時代の１９８５年には、いわゆるスパイ防止法の制定を目指したが廃案となっている。しかし、翌86年、官邸内のインテリジェンスの再編を行い、それまでの内閣調査室を廃し、あらためて内閣情報調査室を設置した。

同時に合同調査会議を新設し、外務省情報調査局、防衛省防衛局、警察庁警備局、公安調査庁などをメンバーとして、インテリジェンスの横の連絡を密にしている。

国際テロ対策や対スパイ活動、サイバー攻撃に対抗する

２０１２年に第二次安倍内閣が発足すると、あらためてインテリジェンス強化の動きが活発化する。そして、２０１３年12月には「国家安全保障会議の創設に関する有識者会議」の提言にもとづく日本版国家安全保障会議（ＮＳＣ）

CIROの基本情報

設立	1952年 1986年に内閣情報調査室に改組
本部	千代田区永田町1-6-1 内閣府庁舎
人員	約200人
年間予算	令和3年度 約595億円 （情報収集衛星関係経費として）
組織	正式名称は内閣官房内閣情報調査室。総務部門、国内部門、国際部門、経済部門、内閣情報集約センター、内閣衛星情報センターなどの4部門3センターと一室である。

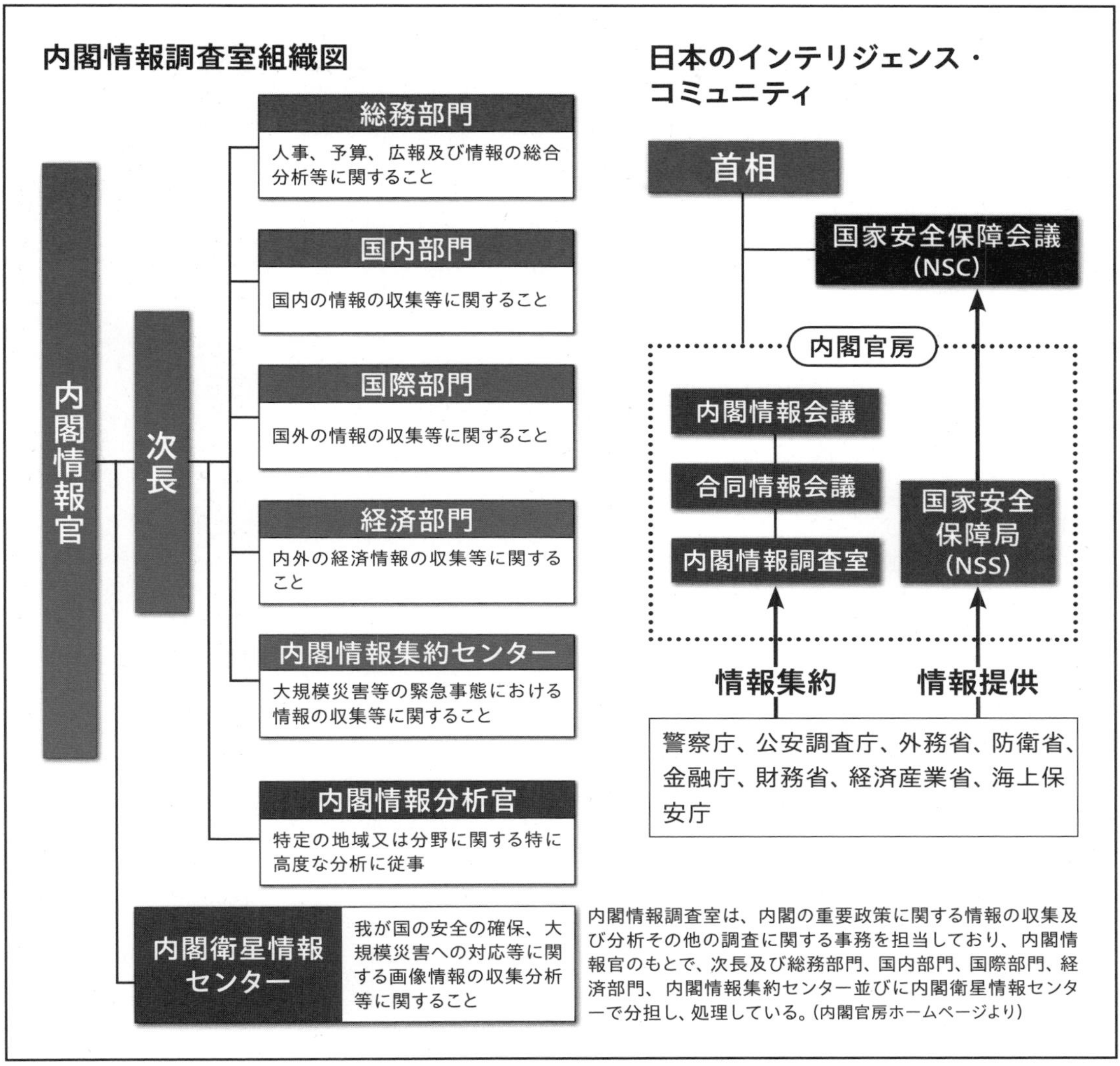

内閣情報調査室は、内閣の重要政策に関する情報の収集及び分析その他の調査に関する事務を担当しており、内閣情報官のもとで、次長及び総務部門、国内部門、国際部門、経済部門、内閣情報集約センター並びに内閣衛星情報センターで分担し、処理している。（内閣官房ホームページより）

が設置された。さらに、このＮＳＣを支え、国家安全保障に関して総理を補佐し、会議に出席し意見を述べることができる国家安全担当補佐官が常設された。14年1月には、その事務局として内閣官房国家安全保障局（ＮＳＳ）が発足し、20年4月には、経済情報分析のためにＮＳＳ内に新たに経済班もできている。

現在、これらの政府組織ができることにより、より重要性を高めているのが内調である。

内閣情報調査室には、各省庁のインテリジェンス活動の連絡と統括、情報の一元化という役割が付与されている。さらに、１９９６年には、災害時の危機管理を念頭に内閣情報集約センターができ、２００１年には北朝鮮のテポドン・ショックを受け情報衛星の開発や運用を行う内閣衛星情報センターが創設された。08年には、外国のインテリジェンスに対抗して、カウンター・インテリジェンス・センターが設置され、18年には国際テロ対策などのインテリジェンスを行う国際テロ対策等情報共有センターが国際テロ情報集約室の下にできている。今後、それらを強化し、縦割りの弊害を克服して効率化を進めれば、内調も他国の情報組織に比肩できる組織に育つ可能性はある。

防衛省情報本部

国内の情報組織としてもっとも実戦的な機関

防衛省情報本部は、日本の情報組織としてはもっともレベルが高い。教育機関を持ち、合衆国との連携も視野に入れた実戦的組織である。

DIHの基本情報	
設立	1997年
本部	東京都新宿区市谷本村町5丁目1番地
定員	2,608人（2023年度予算定員）
年間予算	758億円（2021年度）
組織	総務部、計画部、分析部、統合情報部、画像・地理部、電波部が置かれ、さらに通信所6か所が運用されている

防衛省直轄の自衛隊運用のための情報組織

情報機関は政府直轄のものだけではなく、軍隊に付属したものとしても存在する。

アメリカ合衆国でいえば、大統領直属のＣＩＡとともに、国防総省傘下の情報機関が複数存在する。日本においても同様で、内閣直属の情報機関として情報調査室があり、防衛省の下には情報本部（ＤＩＨ）が存在する。

また、米軍の陸・海・空・海兵隊の４軍にそれぞれ情報機関があるように、陸自、海自、空自にもそれぞれ情報部隊が設置されている。

防衛省情報本部は、アメリカ国防情報局（ＤＩＡ）の組織を参考に、防衛省（当時は庁）内における情報組織を統括する存在として１９９７年に設置された。

陸・海・空の各情報組織は残され、防衛省内部においても内部部局に防衛政策局調査課が残されている。とはいえ、各情報組織それぞれは縮小され、多くの機能が情報本部に統合され、効率化は大いに図られている。

情報本部は、令和３年度現在で２０００名におよぶ要員を抱え、７５８億円（３年度）を予算とする国内最大級の情報機関である。また、在外公館に防衛駐在官を派遣しているが、彼らは情報収集のプロであり、その存在感は大きい。

防衛駐在官はそのまま外務省とのパイプとしても機能し、外務省情報統括官組織との連携も図られている。

当然ながら、同盟各国の情報組織との連携もあり、そういった意味で、情報本部は内閣情報調査室よりも実質的で高度な情報機関であるともいわれている。

高い通信傍受能力はアメリカからも期待されている

以前は統合幕僚会議議長（現統合幕僚長）の下に設置されていたが、庁（現防衛省）内各機関に対する情報支援機能を統括する「現防衛省の中央情報機関」として、現在では防衛大臣の直轄組織となっている。

2022年9月14日水曜日、ワシントンの国防総省でロイド・オースティン国防長官（右）と会談する日本の浜田靖一防衛大臣（当時、左）。（写真：AP/アフロ）

防衛省情報本部組織図

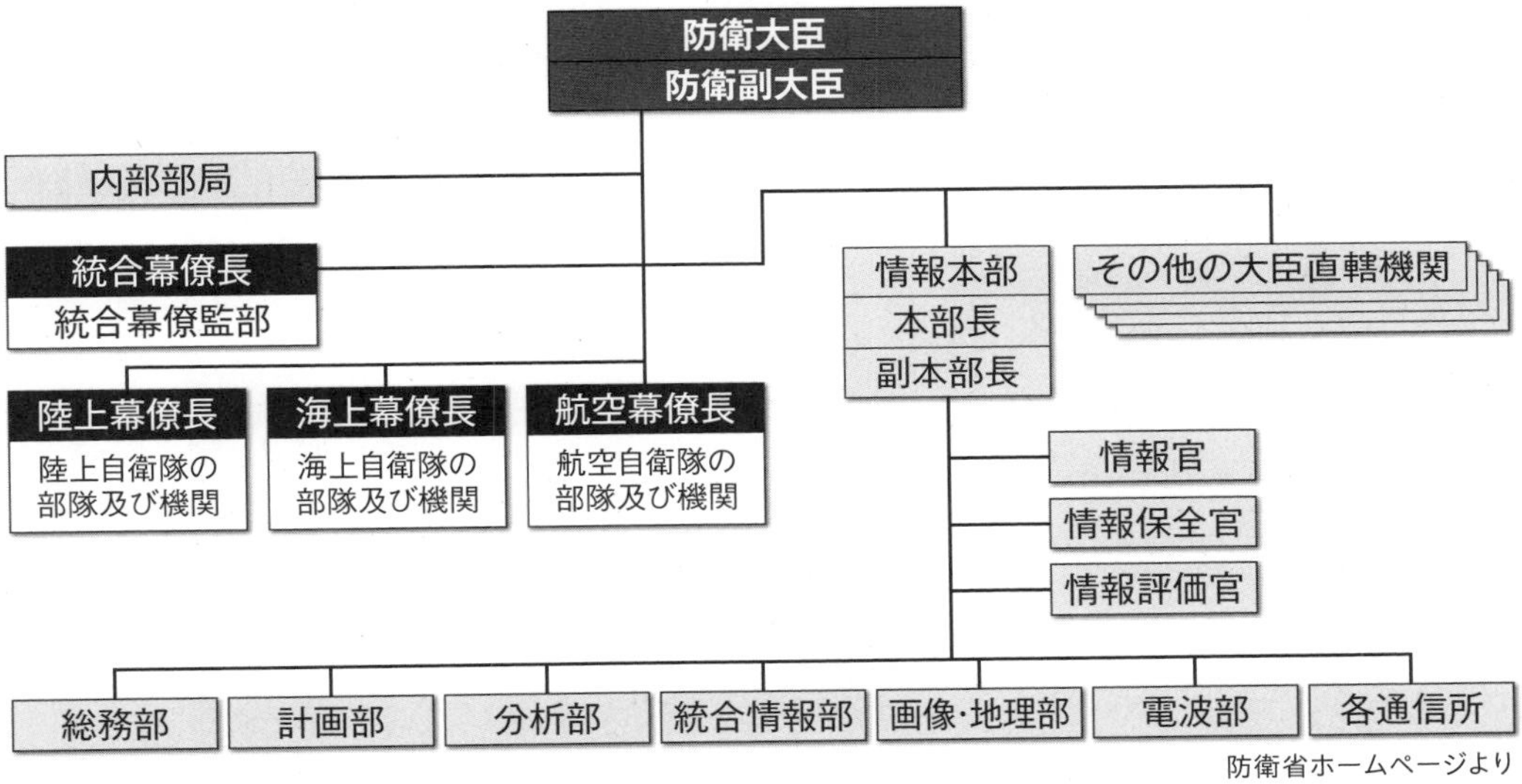

防衛省ホームページより

内閣、外務省、警察庁などの情報機関が、情報スタッフの養成・教育機関を持っていないのに対し、防衛省は小平駐屯地に養成機関を設置している。

防衛大学を含め、語学やインテリジェンスに関する教育・養成をおこなっている点で、内閣情報調査室よりも情報本部に一日の長があるといえよう。

それでも、ロシアや中国に比して情報機関としては貧弱であり、今後もその拡充が期待されている。

情報本部には、総務、計画、分析、統合情報、画像・地理、電波の6部と、全国に6つの通信所がおかれている。

近年では、電波情報部門の拡充に力が入れられているが、国内の他の情報組織にはない機能であり、情報本部のこの分野に対しての信頼度は大きい。

同盟国であるアメリカも、情報本部の傍受能力に期待しているという。

しかし、自衛隊法は他国の軍法よりは規定が甘く、防衛機密の漏えいに関しても厳罰に処することができない。この点について、特定機密保護法があるが、情報保全に関する、より実効性のある対策が求められている。

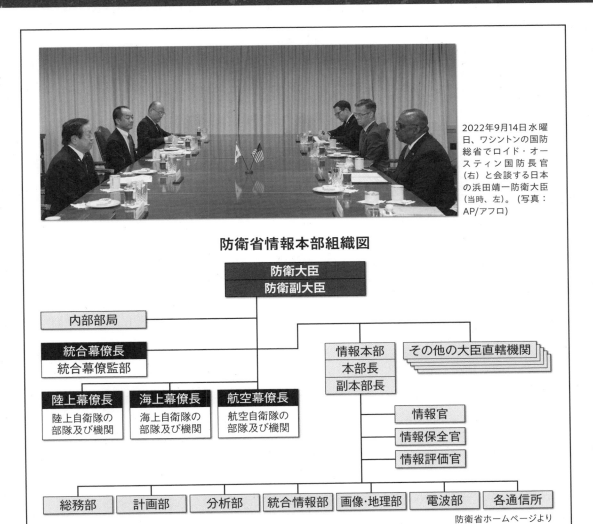

陸上自衛隊中央情報隊

陸上自衛隊を支える戦術レベルの情報組織

陸上自衛隊の部隊運用のため、戦術レベルの情報を収集することを目的に新設された中央情報隊。自衛隊の先導役として大いに期待される。

MICの基本情報	
設立	2007年
本部	東京都練馬区大泉学園町
定員	約600名
年間予算	不明
組織	隊本部及び本部付隊（約50名）、基礎情報隊（約100名）、地理情報隊（約360名・東立川駐屯地）、情報処理隊（約40名）、現地情報隊（約70名・朝霞駐屯地）

海外派遣での情報収集のため新設された陸上自衛隊独自の組織

自衛隊は軍隊ではない。しかし、少なくともそのシステムは軍隊としてのものを採用し、諸外国の政府・軍も、自衛隊を軍隊として扱っている。

陸・海・空の各自衛隊は、そのまま陸軍、海軍、空軍であり、当然ながら各軍は活動を行うために必要な情報部隊を有している。

中でも、2010年に職種として新設された陸上自衛隊中央情報隊は、約600人の人員を擁する有力なものである。

それまでの陸自の情報部隊は、様々な職種の人員で構成された混成部隊であった。これを中期防衛力整備計画（2005）に基づき2007年に陸上自衛隊中央情報隊として新設され、2010年にあらためて職種化。防衛省情報本部と同様に、要員の育成は陸上自衛隊小平学校情報教育部が担当している。

中央情報隊は、自衛隊が海外派遣されるに際し、現地での情報収集能力の強化を狙ったもので、対人情報工作を担当するいわゆるヒューミント要員も含む部隊である。海外派遣では、ヒューミント担当の現地情報隊が先遣隊としてまず現地に入り、その地域の情報収集を行うことになる。

ある意味、これによってはじめて、自衛隊は前線で効率的に使用できる自前の情報機関を手にしたということになる。

他国頼みだった海外派遣での情報収集

海外派遣では、「実施要領」により、「安全に係る情報収集」を義務づけられているが、中央情報隊設立以前は、それらを国連傘下の各国派遣部隊に頼っていた。

イラク派遣では、国連派遣の上部機関が現地になく、自衛隊は独自の情報収集をしなくてはならなかったのだが、そのための部隊もノウハウも自衛隊は所持していなかった。そこで、情報収集をするための専門部隊の必要性が生まれ、

中央情報隊の本部がある自衛隊の朝霞駐屯地（写真：東阪航空サービス/アフロ）

中央情報隊が生まれたのである。

面白いのは中央情報隊のシンボルマークである。欧米諸国の情報機関のシンボルマークには鳥を用いているケースが多いが、ＣＩＡは、エジプト神話のホルス（太陽神ラーの息子で、天空神・隼の神）である。エジプト神話で「ホルスの目」として知られるが、これは神の全能の目であり、あらゆる出来事を神は知っているという意味で、情報機関の象徴として用いられている。

中央情報隊では、同じ鳥ではあるが、こちらは3本足の八咫烏《やたがらす》をモチーフとしている。八咫烏は、日本神話で神武の東征軍の道案内をしたとされる神の使いであり、自衛隊の先導役という意味では、これほどマッチしたシンボルもないだろう。

陸自のホームページでは、中央情報隊について「情報に関する専門技術や知識をもって、情報資料の収集・処理及び地図・航空写真の配布を行い、各部隊の情報業務を支援します。」とそっけなく書かれているが、その重要性は高い。

なお、中央情報隊は、２０１８年陸上自衛隊のなかに防衛大臣直轄の部隊である陸上総隊ができることによって、その傘下に入ることになった。また、同時に、隊本部及び本部付隊、情報処理隊、現地情報隊が朝霞駐屯地へ移駐した。

PSIA・FAID

公安調査庁・警察庁外事情報部

日本の治安維持のための情報組織

国内の治安維持のために存在する二つの組織。敵対する外国勢力や、国内の破壊的組織、テロリストを監視し、テロ行為を未然に防ぐ！

国内の破壊活動を防ぐ公安調査庁

日本に複数存在する情報機関の中でも、特に重要な情報機関として位置づけられているのが公安調査庁である。

調査対象は、テロリストや暴力的宗教団体、革命主義者、極右、極左などであり、まさに国内の治安維持の根幹ともいえる存在である。

また、北朝鮮、中国、ロシアなど、敵対行動を取る可能性のある国家に関しても情報収集を行っており、国内屈指の対外情報機関としてその存在感は大きい。

1500人余の職員を抱えているが、それだけではなく、他の省庁への出向が多いことが特徴であり強みである。

内閣情報調査室を含む内閣官房に二十数人、在外公館を含む外務省に数十人、入国管理局に数人と、日本のインテリジェンス・コミュニティの中枢に人材を派遣しているが、それらと情報を共有し、人的交流を持つことで、有機的な連携を可能としている。

巨大な警察組織を背景とする警察庁の情報組織、外事情報部

公安調査庁とライバル関係ともいえる存在が、警察庁のインテリジェンス部門である外事情報部である。警察庁警備局の下部組織として外事情報部は存在し、さらにその下に外事課と国際テロリズム対策課（通称「国テロ」）という部署が設置されている。

警備局には他に、直轄の警備企画課、公安課

PSIAの基本情報	
設立	1952年
本部	東京都千代田区霞が関一丁目1-1 中央合同庁舎第6号館A棟（法務検察合同庁舎）
定員	1,740人（2013年5月16日施行）
年間予算	132億円（公安調査庁の当初予算、2022年度）
組織	内部部局、施設等機関及び地方支分部局からなり、内部部局として総務部、調査第一部及び調査第二部の3部、施設等機関として公安調査庁研修所があり、また、地方支分部局として全国に8公安調査局と14公安調査事務所がある

FAIDの基本情報	
設立	明治時代より存在
本部	東京都千代田区霞が関二丁目-1-2
定員	100名弱
年間予算	不明（警察庁としてテロ対策に53億など）
組織	第1係・庶務、協力者工作を統括・指導。第2係、通信傍受・分析。第3係、対ロシア防諜。第4係、対中国防諜。第5係、対朝鮮半島防諜。ほかに外事技術調査官（ヤマの通信所、車両を扱う）、外事調査官（ヤマの情報分析）、拉致問題対策官、不正輸出対策官

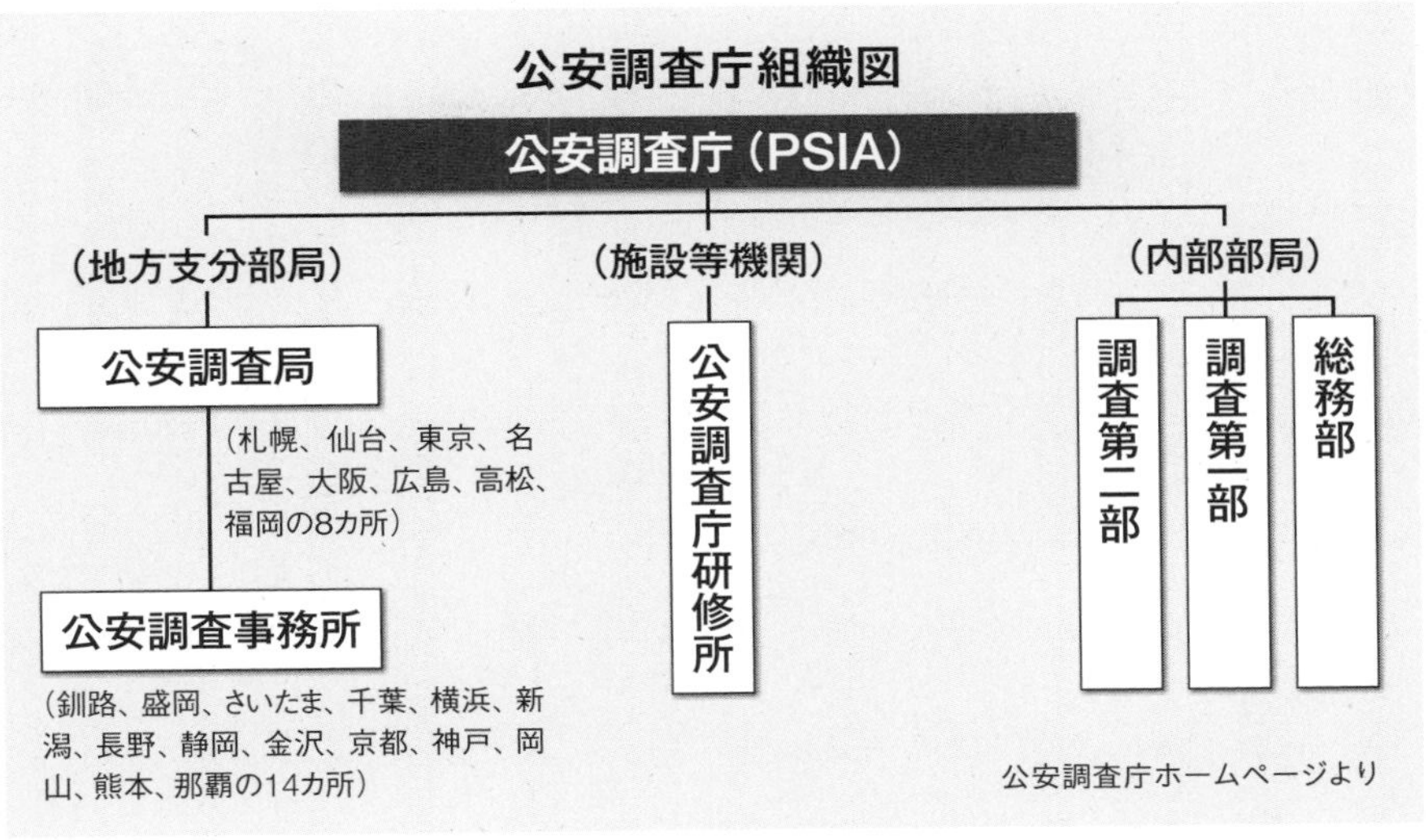

公安調査庁ホームページより

が設置されており、ここが国内の治安維持に関する中枢となっている。

警備局は警察庁の中でも筆頭局と目され、警察庁内部でも別格扱いである。国内のインテリジェンスを指導する内閣合同情報会議にも、警察庁からは警備局長が参加している。

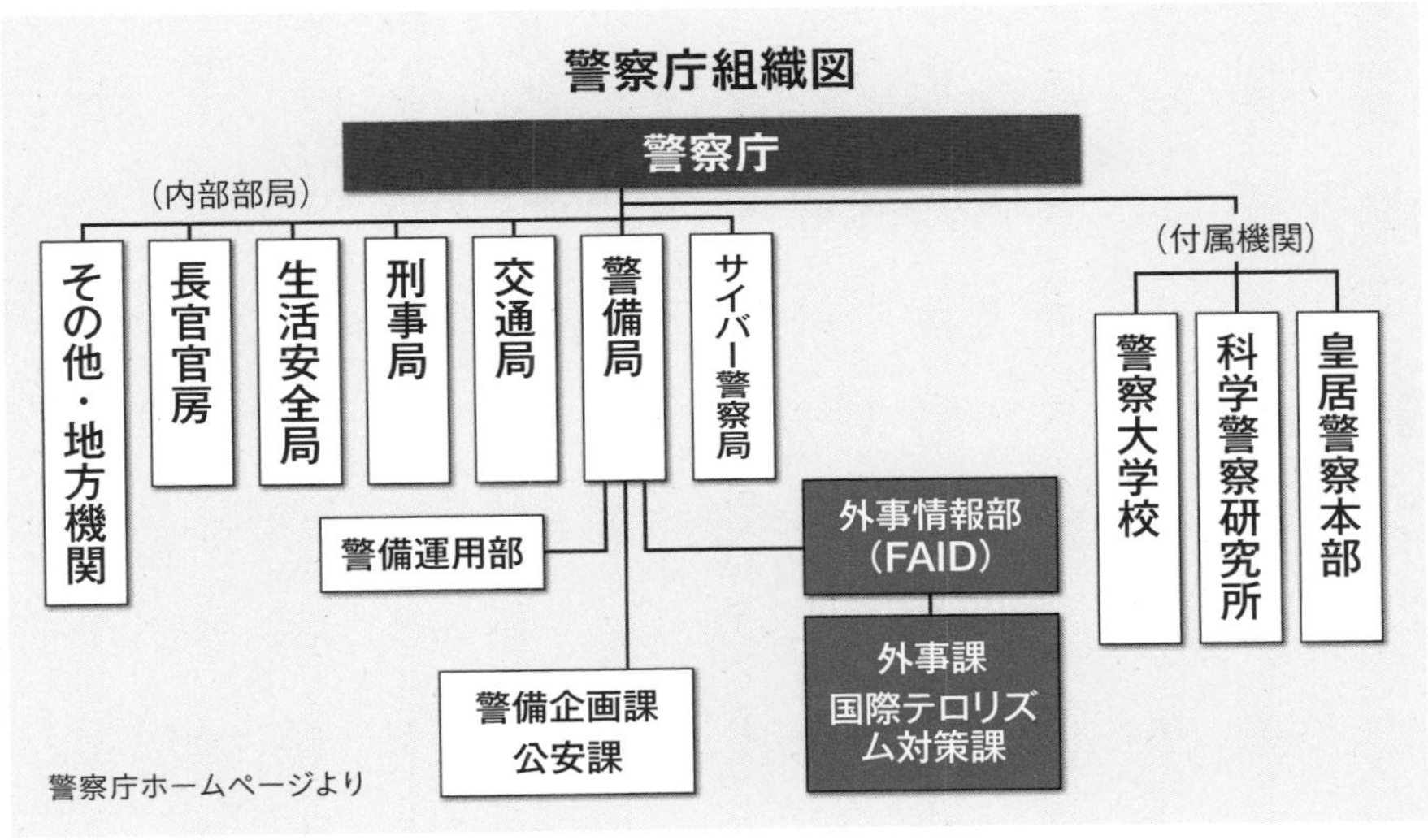

警察庁ホームページより

外事情報部の要員は100人に満たない少人数であるが、巨大な警察組織そのものが彼らの手足であり、情報組織としての能力は高い。

冷戦時代、外事課は対ソ連防課が主たる任務であったが、現在では北朝鮮・中国が最大の課題となっている。また、9・11以後は、イスラム過激派への対策も重視され、対外インテリジエントとしての役割が増大している。

外事課には、庶務担当の1係、分析担当の2係、ロシア担当の3係、中国担当の4係、朝鮮半島担当の5係と、拉致問題対策室が置かれ、それぞれ5～7名程度が配置されているが、ここ数年は中国担当の4係に高い比重が置かれている。他に「外事技術調査室」（通称ヤマ・8係）という通信傍受機関があるが、あまり情報は公開されていない。

在外公館に人員が多数派遣されており、外務省との連携も強化されている。ちなみに、TBSドラマ『VIVANT』の阿部寛演じる野崎守は警視庁公安部外事課に所属し、主人公乃木憂助の父親も、同じ外事課に所属していたことになっていて、警察庁の外事課とは違う。

公安調査庁と警察庁の外事課は、業務にかなりな部分で重なりがあり、統合すべきとの意見もあるが、これを解消することは難しいだろう。これも、日本の縦割り行政の悪弊である。

※日本の他のスパイ組織については本書40頁からでも解説している。

column 3

陸軍中野学校

東京中野に、日本陸軍の極度に実際的なスパイ養成機関が存在した。それが、世に名高い陸軍中野学校である。

諜報などの秘密戦に特化した旧日本陸軍の、実在した学校

日本には戦前、スパイ養成所ともいえる秘密の訓練学校が存在していた。

1938年に特殊勤務要員として第1期生を迎え、1940年に陸軍中野学校と改名した。名称は学校のあった現・東京都中野区に由来する。

創設当初は純粋なスパイ養成機関であったが、太平洋戦争の開戦と共に実質的にゲリラ戦学校に移行する。

学生は陸軍の関係学校出身者などから選抜されたが、実際には民間大学からの転向が多数を占めている。期によっては東京帝国大学からの採用が最多となっている。

学生は軍服を着用せず、平服が推奨された。敵性語の禁止もなく、逆に諜報活動のために有用として歓迎されたという。

これらは将来的には民間人に混じって情報戦に従事することが予測されたため、いわゆる「軍人らしさ」を排除する目的で行われたのである。

学生の選抜も軍人らしくない広い視野に立った人物像を求めた結果、民間からの登用が増加した。求められる信条は「地位や名誉を求めず日本の捨て石となって朽ち果てること」であり、軍隊が重視する栄誉とは異質である。

また、捕虜となっても生き延びて二重スパイとして任務を遂行せよ、と実に徹底した信念を持って教育がなされていた。

教育内容も軍事関係は一部に限られ、英語を含む外国語、細菌学、薬物学、法医学、心理学などと広い範囲を扱い、通信、自動車運転などの実際的な実習も含んでいた。

東南アジアで花開いた中野学校の魂

開戦初期、陸軍の攻略目標はマレー半島であった。開戦に当たり、出身者で構成されたF機関が現地に侵入し、住民の慰撫工作、英軍の大半を占めるインド人兵士に投降を呼びかけた。

事前工作は成功し、上陸した陸軍部隊は現地での物資調達も順調で、現地マレー人からの協力を受けることができた。投降してきたインド人兵士はインド国民軍を編成し、日本軍と共闘したというから、その効果の大きさが理解できよう。

卒業者は戦後も学校の精神を貴び、日本国内外で連合軍に対してゲリラ戦を実施し、結果的にアジアの独立運動に関与した。戦後30年近くフィリピンのルバング島に潜伏していた小野田寛郎元少尉も同校の出身である。

中野学校出身の小野田元少尉

第五章

スパイ事件簿

この章では戦後の世界を揺り動かしたスパイの事件簿を取り上げる

著／編集部（別冊宝島2064号『世界の諜報機関』を一部修正して再録）

ロシアの美くしすぎる女スパイ、アンナ・チャップマン

ケネディ大統領暗殺事件

大統領はCIAに殺されたのか

46歳の若き大統領が遊説先のダラスで暗殺された。踏んではいけない虎の尾を踏んだケネディには、CIAやマフィア、産軍複合体など多くの敵が存在していた。

パレードでは警備が手薄だったとの証言も多い

事件の概要

第35代アメリカ合衆国大統領ジョン・F・ケネディが1963年11月22日金曜日、テキサス州ダラスで暗殺された。犯人とされたオズワルドが事件の2日後、地元のクラブ経営者であるジャック・ルビーにより移送中に射殺される。さらにルビーも獄中で突然の病で死ぬという不可思議な出来事が続く。残された証拠などからオズワルドが単独で行ったとは考えにくく、大きな政治力が働いていたと多くの専門家が指摘している。

その中で信憑性が高いのが、CIA説、マフィア説、産軍複合体説など。事件から50年が経過した今も謎に包まれている。近年は当時の映像フィルムをデジタル処理して鮮明にすることにより新たな事実の発見も相次いでいる。

ことごとく対立していた ケネディとCIA

　1963年11月22日、アメリカ大統領のジョン・F・ケネディが、遊説先のテキサス州ダラスで暗殺された。就任後3年が経過していたが、まだ46歳という若さだった。

　間もなくリー・ハーヴェイ・オズワルドが実行犯として逮捕された（※1）。犯行動機や共犯の存在など、事件の全体像の究明が期待されたものの、その2日後にダラス警察の地下通路で、郡刑務所へ移送されるところをジャック・ルビーにより拳銃で狙撃され、数時間後に死亡する。

　ルビーは地元でクラブを経営する男で、マフィアとの関係も指摘されていた。そんな人物がなぜこの日、警察署へ容易に入れたのか。何者かが口封じのために暗殺を命令したのではないかとの憶測が飛んだのも無理は無かった。

　米議会は2度にわたり調査委員会を設置して真相究明を図り、中でも2度目の調査を行ったウォーレン委員会は、以下の結論を報告書として提出している。

①オズワルドの単独による犯行
②狙撃場所は「教科書ビル」6階の窓から
③使用された銃はイタリア製の6・5口径ライフル「カルカノ」
④銃弾は3発

　3発の銃弾については当初、1発目がケネディの背中から首を貫通し、さらに前に座っていた知事をも貫通。2発目が外れ、3発目がケネディの後頭部を直撃し、これが致命傷になったとされた。

弾は曲がって飛んだ!? 「魔法の弾道」に隠された謎

　しかし、これには多くのジャーナリストや研究者が異論を唱えた。狙撃された車内におけるケネディと知事の位置関係から考察すると、弾道のつじつまが合わないのである。

　ウォーレン委員会の報告どおりならば、弾丸はケネディの首を貫通した後に空中で右に角度を変えて知事の背中に当たり、右胸を貫通してから再度角度を変え、今度は知事の右手首を貫き、最後に知事の左足に当たったということになる（98頁の図参照）。

　弾道学上も物理的にも、決してありえることではない。研究者たちが「魔法の弾丸」と呼ぶ事件最大の矛盾点である。

　しかも、後に病院の担架から発見されたというその弾丸は、二人の人間の体を貫通したにも関わらず、潰れて変形することもなく、新品のように完全な形状で発見されている。オズワルドを犯人とするために、まるで誰かが無理やりに証拠として用意したようだった。

　不可思議なことはそれだけではない。当時、現場にいた複数の警官が、「大統領の警護にしては手薄すぎる」と感じたという。さらに、当時の写真から「教科書ビル」の窓がいくつも開いていたこともわかった。大統領のパレード

移送中に殺される直前のオズワルド

であれば、警備の一環で窓の開放は許可されないのが普通である。事前にくまなくチェックがなされているはずで、いくつもの窓が開いたままで放置されているのは極めて不自然である（※2）。

　また、当時の映像によると、銃声が聞こえた後でも、周囲の警護たちは「我関せず」といった様子で反応が鈍い。ちなみに、ある警官は当日の朝の打合せの場で、直属の上司から「今日のパレードはCIAが仕切っているから前に出るな」と指示されたという。

　さらに、ダラス市長の指示により、当日になって急にパレードのコースが変更されていたことも後にわかった。慣例からすれば歴代大統領のように直線コースをパレードするはずだったが、ケネディの場合はわざわざ車の速度を落とさなければならない迂回ルートを走らされたのである。

　迂回ルートでは周辺の建物からも近くなり、狙撃ポイントが近くなることは言うまでもない。

銃声は3発ではなく5発 犯人は3人以上いたのか

　最近になって新たな証拠も出てきている。一つは、ウォーレン委員会が報告した「銃弾3発説」を否定するものだ。当時の白バイ警官の無線交信記録が米国立図書館から発見された。それによると、銃弾は3発ではなく5発で、しかも4発目と5発目はほぼ同時に撃たれていることがわかった。

　さらに音源をコンピューター解析した結果、音の波形から3種類の銃を使っていることが確認できた。この事実は狙撃犯が3人以上いたことを意味するものだ。3方向から5発の弾が撃たれたということならば、「魔法の銃弾」の説明もつくのである。

真相が明らかになるのはいつの日か？

　では、ケネディはなぜ殺されたのか。当時を振り返ると、時代の寵児として支持を高めるケネディを、好ましからざる人物と見る勢力が多くあったことがわかる。

　その筆頭が米中央情報局（CIA）である。大統領はこのとき、CIAと激しく対立していたのである。理由のひとつがキューバだった。

　CIAはキューバのカストロ政権を転覆させるため、キューバ人亡命者で解放軍を作り、ピッグス湾に侵攻させる計画を立案。大統領に米軍の投入を要請した。しかし、作戦に否定的だったケネディ

魔法の弾道

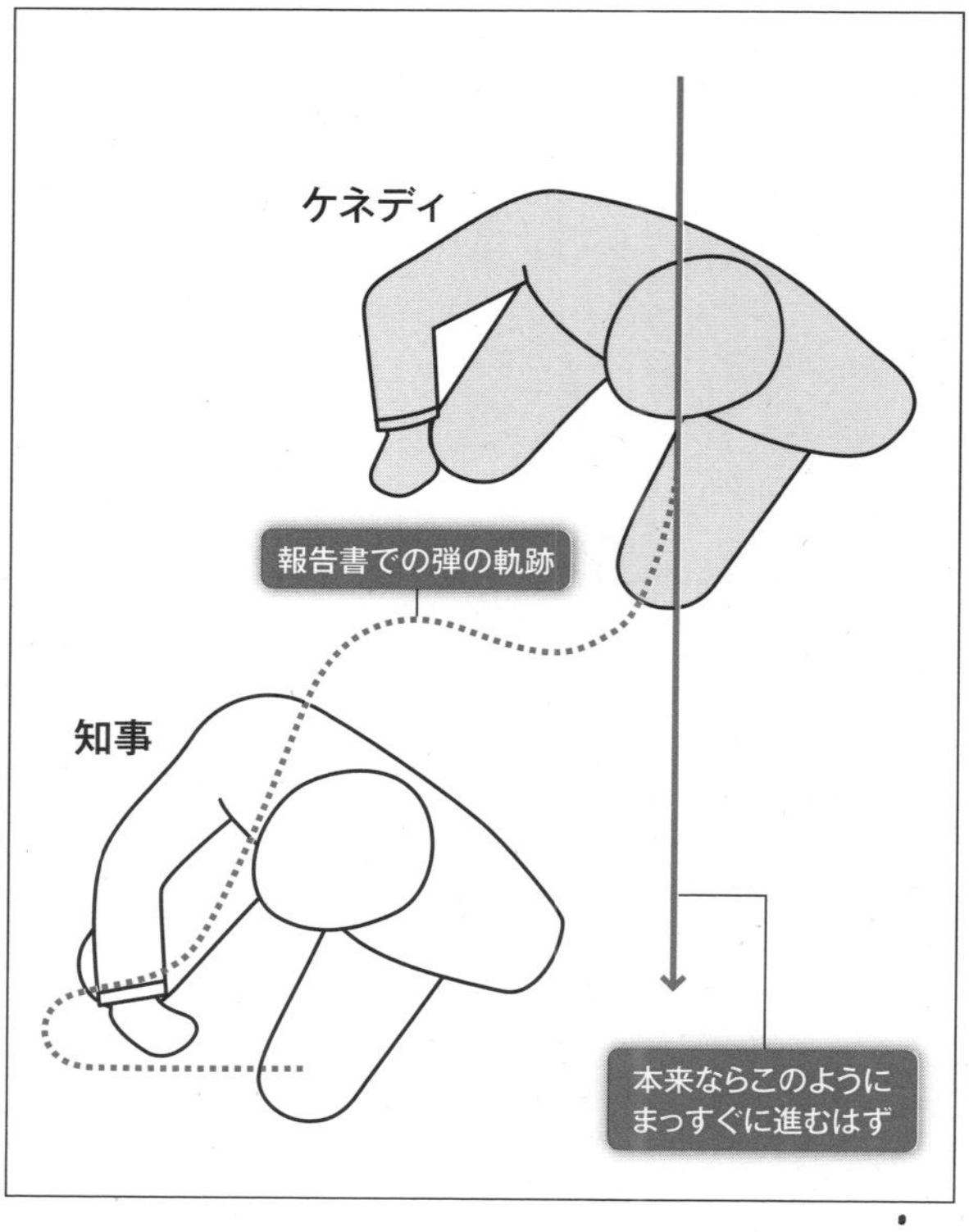

はこれを拒否。その結果、キューバ解放軍は大敗し、作戦は大失敗に終わる。ＣＩＡの権威は失墜。米国民から不要論も噴出した。

　そもそも、ＣＩＡがキューバ制圧を目論んだ理由がケネディには気に入らなかった。カストロが政権を樹立する以前のキューバは自由主義経済で、地元マフィアのはぶりもよく、そのマフィアと親密な関係を築いていたＣＩＡは、少なからず恩恵を受けていたと見られていたのである。

　国益とはかけ離れたところで利潤を優先するＣＩＡは、ケネディの眼には腐敗した組織と映っていたのかもしれない。

狙撃ポイントといわれる教科書ビル

犯人はケネディ憎しのCIAか 今も囁かれる巨大な陰謀説

　事実、ケネディはＣＩＡの汚職追放に本腰を入れるとともに、組織自体の解体に本気で取り組んだと言われている。手始めにＣＩＡのアレン・ダレス長官とチャールズ・カベル副長官のトップ２人を解任し、これまで見過ごされてきたＣＩＡの数々の不法行為を厳しく取り締まり始めたのである。

　ＣＩＡはこのとき、大げさでなく組織消滅の危機を迎えていたといえる。その危機感は凄まじかったに違いない。ケネディはその2年後に暗殺される。

　ちなみに、解任されたカベル副長官の実弟はダラス市長で、パレードのコースを当日になって急きょ変更した当事者である。

　また、同じくケネディにクビにされたダレス長官は、ケネディの死後、事件を調査するウォーレン委員会のメンバーに選ばれている。ウォーレン委員会の調査結果が、現実味の薄いオズワルド単独犯説に固執し、本気で真相究明に動かなかったように見えたことと関係あるのだろうか。これらはただの偶然なのだろうか（※3）。

　いずれにせよ、ケネディの死については、事件から60年経った今も多くが謎のままだ。

　なにより、ケネディを暗殺したと米政府が公式に主張するオズワルドは殺されてしまい、殺した犯人のジャック・ルビーも獄中で不自然な病死をとげている。また、狙撃ポイントとなった教科書ビルに居合わせた重要な証人だったはずの保安官も自殺。さらに、事件を追っていた女性ジャーナリストは服毒死、事件の重要な関係者と思われたパイロットも自殺をしている。

　こうして謎の死を遂げた事件関係者は32人にも及ぶ。アメリカでは、今もケネディ暗殺事件の真相を解明しようと動くのは危険だとさえ言われているのだ。

　あまりに謎が多いケネディ暗殺事件。米議会はこの事件に関する資料の多くを２０１７年に公開した（※4）。

語句解説

※1
オズワルドは日本の厚木基地勤務時代にロシア語を学び、除隊後にソ連に亡命した過去があるが、実はソ連から国家機密を盗み出すためのC－Aの工作員だったとの説もある。

※2
近年の民間メディアなどの科学的な研究で、教科書ビルの6階と2階の2か所から2人で狙撃したとの説が出ている。

※3
犯行はC－A説のほか、取り締まりが強化されたマフィア説、軍縮を進めたことによる軍需産業界説、次期大統領に就いたジョンソン説、これらすべてが結託した複合体説などがある。

※4
1992年の法律で2017年10月までにすべて公開とされ、現在99%ほど公開済み。

北朝鮮の日本人拉致事件

ある日、国民が突然拉致されてしまう恐怖

北朝鮮による日本人拉致は、政府認定の12件17名だけではなく、その数倍以上が拉致されたと推測されている。拉致事件は、今後も追及すべき政府の最重要課題のひとつである。

金日成の銅像を囲み、朝鮮の歴史を学ぶ北朝鮮人民軍兵士。繰り返される洗脳により、彼らは国家のロボットとして善悪や道徳を無視して命令に従うようになる

事件の概要

1970年頃から80年頃にかけて、北朝鮮による日本人拉致が多発した。現在、17名が政府によって拉致被害者として認定されているが、それ以外にも多数の拉致被害者が存在すると推測される。

2002年9月、北朝鮮は日本人拉致を認め、同年10月に5人の被害者が帰国しているが、他の被害者については、未だ北朝鮮から納得のいく説明はない。拉致問題に関する北朝鮮側の主張には多くの問題点があり、日本政府はこれについて説明と被害者の返還を求め続けている。

近年になり、脱北した元北朝鮮情報部員より、海難事故に見せかけての拉致が多数行われていたという証言があった。日本人拉致事件の闇は、まだまだ深い。

日本人を拉致することで北朝鮮の情報部には各国での自由な行動という、大きなメリットが発生する

日本では1970年代より、原因・動機不明の行方不明者が多数報告されるようになった。

警察の捜査や、亡命北朝鮮工作員などの証言などから北朝鮮の行為であるとして、日本政府は拉致被害者支援法を制定。12件、17人を政府認定拉致被害者として認定、北朝鮮に対して抗議・返還要求を続けている。

日本に限らず、海外でも、韓国やアメリカ、ヨーロッパ諸国など14ヶ国からの拉致が報告され、国際的には北朝鮮拉致問題と呼ばれている。

今も北朝鮮は戦争継続中

北朝鮮は1948年に独立した共産主義国家で、建国直後の1950年には、米ソの代理戦争である朝鮮戦争を戦っている。

朝鮮戦争は、1953年に休戦しているが、公的には現在もまだ終結していない。つまり、今も北朝鮮と韓国とは、戦争中ということになる。

1960年代、北朝鮮は朝鮮戦争の消耗から回復すると、韓国に対する諜報活動を活発化させた。

同時に韓国側も警戒を厳重にして北朝鮮工作員を摘発、活動を妨害するというイタチごっこを演じている。これにより、北朝鮮としては工作員を送り込むのが困難になった。

そのため、北朝鮮はいくつかの対策を取ることになる。

1　日本人（外国人）になりすまして工作員を韓国に入国させる。

北朝鮮人を工作員として潜入させると、戸籍などの身分証明から簡単に身元が判明してしまう。日本人を拉致してその戸籍を乗っ取れば、韓国政府には簡単には見破れない上、韓国が日本政府に依頼して調査するステップが入り、判明するまで時間が稼げる。

2　工作員を日本人にしたてるための教育係としての利用。

北朝鮮と韓国は同一の民族であるが、現地人からしてみれば小さな違いで見破られる。日本にたとえれば東北出身と称しているのに関西弁を使うような齟齬が生まれやすい。逆に日本人を名乗って韓国に入国すれば、もともと言語などに大きな差異があるので、怪しまれることは少ない。

3　海外の最新情報を得るため。

共産圏と資本主義国家では技術、文化などの点で大きな違いがある。拉致をするのと同時に、最新の海外情報を得ることが可能になる。

4　拉致された人物の洗脳がうまくいけば、拉致被害者そのものを工作員とできる。

拉致被害者も、十分な洗脳工作をすれば、忠実な工作員となる可能性は高い。そのまま工作員として諸外国で活動させるのはもちろん、日本に帰国させ、以前の生活に溶け込ませたうえで諜報員として使う。

北朝鮮による拉致被害者家族連絡会（「家族会」）の結成

102ページ～103ページの各被害者の番号と対応

1 久《く》米《め》裕《ゆたか》 さん
〔52、石川県〕
1977年(昭和52年)
9月19日拉致
―安否未確認
(北朝鮮は入境を否定)

2 松《まつ》本《もと》京《きょう》子《こ》 さん
〔29、鳥取県〕
1977年(昭和52年)
10月21日拉致
―安否未確認
(北朝鮮は入境を否定)

3 横《よこ》田《た》めぐみ さん
〔13、新潟県〕
1977年(昭和52年)
11月15日拉致
―安否未確認
(北朝鮮は「自殺」と主張)
※ 横田めぐみさんは、北朝鮮に娘(キム・ヘギョンさん)が存在。

4 田《た》中《なか》実《みのる》 さん
〔28、兵庫県〕
1978年(昭和53年)
6月ごろ拉致
―安否未確認
(北朝鮮は入境を否定)

5 田《た》口《ぐち》八《や》重《え》子《こ》 さん
〔22、不明〕
1978年(昭和53年)
6月ごろ拉致
―安否未確認
(北朝鮮は「交通事故で死亡」と主張)

6 市《いち》川《かわ》修《しゅう》一《いち》 さん
〔23、鹿児島県〕

増《ます》元《もと》るみ《るみ》子《こ》 さん
〔24、鹿児島県〕
1978年(昭和53年)
8月12日拉致
―安否未確認(北朝鮮は市川さん、増元さん共に「心臓麻痺で死亡(市川さんは海水浴中)」と主張)

これらの目的で、北朝鮮は日本人をふくむ外国人を拉致したと考えられている。

一方、日本国内での年間行方不明者は8万人に及ぶ。理由は犯罪被害、失踪、孤独死、など多数に上る。原因を一概には断定できないが、北朝鮮関与と考えられる事件が主に日本海沿岸で起こっており、同時期に不審船の活動が見られるなどの共通点もあった。

北朝鮮が疑われることはあったが、いずれも状況証拠しかなく、しかも、行動主体も単なる犯罪組織なのか、軍なのか、国なのか、明らかではなかった。

1988年、国家公安委員長が「北朝鮮の拉致の疑いが十分濃厚」との見方を示し、さらに北朝鮮亡命工作員により金日成主席から指示が出ていたとの証言が得られた。これらから国家ぐるみの行動であることがうかがえた。

北朝鮮側は一貫して拉致を否定していたが、2002年の小泉純一郎首相の訪朝の折、当時の北朝鮮の指導者である金正日は、一部の拉致を認めて謝罪している。これにより、日本人拉致が国家ぐるみの行動であることが、加害者である北朝鮮の指導者の公式な発言として確認された。

北朝鮮の絶対権力者である金正日が認めたということで、拉致事件は急激な展開を見せる。

帰国した者以外の拉致被害者たち

それまで、事件そのものがなかったと主張していた北朝鮮当局が、全員ではないにしろ、5人の拉致被害者の日本への一時帰国を認め、それが実現した。その後、本人たちの強い意志により、彼らは北朝鮮に戻ることなく、日本に残ることになった。これは、拉致事件における最大の成果のひとつである。

5人以外の拉致被害者について

帰国した被害者

⑪

地村保志《ちむらやすし》さん
〔23、福井県〕
地村富貴恵《ちむらふきえ》さん
(旧姓濵本)
〔23、福井県〕
1978年(昭和53年)
7月7日拉致
－2002年(平成14年) 10月帰国

⑫

蓮池薫《はすいけかおる》さん
〔20、新潟県〕
蓮池祐木子《はすいけゆきこ》さん
(旧姓奥土)
〔22、新潟県〕
1978年(昭和53年)
7月31日拉致
－2002年(平成14年) 10月帰国

⑦

曽我《そが》ひとみさん
〔19、新潟県〕
1978年(昭和53年)
8月12日拉致
－2002年(平成14年) 10月帰国
※共に拉致された母・曽我ミヨシさんは安否未確認

⑦

曽我《そが》ミヨシさん
〔46、新潟県〕
1978年(昭和53年)
8月12日拉致
－安否未確認(北朝鮮は入境を否定)
※共に拉致された娘・曽我ひとみさんは2002年(平成14年) 10月帰国

⑧

石岡亨《いしおかとおる》さん
〔22、欧州〕
松木薫《まつきかおる》さん
〔26、欧州〕
1980年(昭和55年)
5月ごろ拉致
－安否未確認(北朝鮮は、石岡さんは「ガス事故で死亡」、松木さんは「交通事故で死亡」と主張)

⑨

原敕晁《はらただあき》さん
〔43、宮崎県〕
1980年(昭和55年)
6月中旬拉致
－安否未確認
(北朝鮮は「肝硬変で死亡」と主張)

⑩

有本恵子《ありもとけいこ》さん
〔23、欧州〕
1983年(昭和58年)
7月ごろ拉致
－安否未確認
(北朝鮮は「ガス事故で死亡」と主張)

は、北朝鮮はそれぞれ病気などで死亡したと日本に報告しているが、矛盾の多いその報告は、虚偽であると現在では考えられている。

以下は、政府拉致問題対策本部による見解である。

――以下引用

8名についての北朝鮮の説明（氏名、死亡したとされる年齢、死因）

横田めぐみさん	29	自殺	田口八重子さん	30	交通事故
市川修一さん	24	心臓麻痺	増元るみ子さん	27	心臓麻痺
石岡亨さん	31	ガス中毒	松木薫さん	43	交通事故
原敕晁さん	49	肝硬変	有本恵子さん	28	ガス中毒

8名のほとんどが、20代～30代の若さで、ガス中毒、交通事故、心臓麻痺、自殺により、自然死とは言い難い状況で死んだとされており、これ自体不自然ではあるが、さらに、以下（1）のとおり、これら死亡の事実を裏付ける客観的な証拠がまったく提示されていない。

この中には、日本では泳げなかった被害者が緊急出張中に海水浴に行き心臓麻痺で死亡したケース（市川修一さん）や、健康で既往症のない20代女性が突然心臓麻痺で亡くなったケース（増元るみ子さん）も含まれる。

これら不自然な死を証明する証拠が一切提出されていないことと相まって、北朝鮮側主張の信憑性を疑わざるを得ない。

（1）被害者の遺骸が一切存在しない　北朝鮮は、（横田めぐみさん、松木薫さん以外の）6人の遺骸は3カ所の墓地に埋葬されていたが、すべて豪雨で流失したと説明している。

また、日本側に提供された2人分（横田めぐみさん、松木薫さん）の遺骨とされるものからは、鑑定の結果、本人らのものとは異なるDNAが検出されている。

――以上引用

8名が亡くなり、なおかつその遺骸がすべて豪雨で流出したなど、幼児の嘘よりも幼稚なデタラメである。これが北朝鮮政府の公式な見解なのだというから驚かされてしまう。

北朝鮮が拉致活動を活発に行っていたのは1980年代までで、国際問題としてクローズアップされた90年代以降は、おそらくだが拉致という手法は用いられていない（激減した）と考えらる。

直接的な対立国である韓国において、北朝鮮宥和政策である太陽政策が進み、韓国の北朝鮮敵視の傾向が薄らいだことも影響しているだろうし、91年に北朝鮮が韓国とともに国連に加盟することを許された影響もある。

なにより、北朝鮮において指導者が世代交代したということがもっとも大きな理由であろう。

金日成が94年に死去し、金正日

24年ぶりの拉致被害者の帰国

近年では日本のホームレスから国籍を買って日本人になりすましている

北朝鮮による拉致問題は我が国の主権及び国民の生命と安全に関わる重大な問題であり、この解決のためには、まさにオールジャパンで取り組んでいかなければなりません。

　多くの国民の皆様にも、拉致問題に関して、より一層のご理解をお願いします。

平成25年1月25日　拉致問題対策本部

内閣総理大臣 政府拉致問題対策本部長（当時）　安倍　晋三

が新しい国家指導者となり、軍部や北朝鮮の情報部においてもある程度の人材の刷新が行われた。

　国際的に大きな問題となる拉致は、その割に効果そのものが限定的で、差し引きした場合、むしろマイナスともいえるものである。

　だからこそ、２００２年の日朝会談で金正日は拉致を認め、謝罪までしているのだろう。彼にとっては、先代の悪行であって、ある意味で他人事であったからこそ、認められたのだろう。

　しかしながら、北朝鮮は拉致疑惑のごく一部を認めただけである。いまだ疑惑の全貌が解明されていないという事実に変化はない。

闇に埋もれた多くの拉致事件

　また、近年では、北朝鮮を脱出した北朝鮮の情報部員が、漁船などを襲い、使えそうな船員を拉致して、それ以外は船ごと海に沈めるという作戦が頻繁に行われていたと証言している。

　海難事故と思われていたものの中に、拉致目的で沈められた事例がかなり含まれることになるが、そちらについての調査はまだこれからである。

　マスコミ報道などで、拉致事件は精算すべき過去の問題とする論調が見受けられるが、今日でも北朝鮮にとって日本人を拉致するメリットは大きい。戸籍の問題を取り上げたが、韓国以外の国を相手取る時、日本のパスポートを持った工作員は優位である。

　近年では、拉致はせず、ホームレスから戸籍そのものを買い取ったり、養子縁組などを多用してパスポートや戸籍を作成したりと、手口そのものが大きく変化していると研究者は警告している。

　世界中、日本のパスポートで入国できない国はほとんどない。北朝鮮人や韓国人が入れない国でも、日本人なら簡単に入国できてしまうのだ。

　日本のパスポートを手に入れることは、北朝鮮の情報組織にとって、とても魅力的なことであるという点に変化はない。

　そういった意味で、強引な拉致はほとんどなくなっているとは考えられるが、より巧妙な手法で日本人が北朝鮮に連れ去られている可能性は残っている。

　また、日本人拉致であれば問題となるが、本人の意志とは無関係な形で、在日北朝鮮人が拉致されてしまうケースもあったと推測されている。

　この場合は、彼らを保護すべき国が拉致を実行しているだけに、問題になるケースはなく、ある意味でより根深いものである。

1997年

謀殺されたダイアナ妃

世界で一番幸福な女性と思われていた女の不幸な最期

王子様の妻に迎えられたシンデレラは、幸せになれるのだろうか。その答えは難しい。ただ、ダイアナの場合は答えは出ている。不幸であったと。

その美しさは、その憂いを裏に隠していたためであろうか。ダイアナの笑顔は、どこか寂しげである

事件の概要

当時、イギリスの王位継承権第1位のウェールズ公チャールズ王太子と結婚したダイアナ妃は、チャールズの不倫などもあり1996年に離婚。翌年、交際していたドディ・アルファイドの車に同乗していた時、事故により死亡している。

その事故には不可解な点が多く、情報組織による謀略ではなかったかという疑惑が噂されている。

世界一の幸せを手に入れたと思われていた美女が、心が病んでしまうほどに孤独で不幸であったというのは皮肉だ。

本来的には、日本人にとってイギリス王室は縁遠いもので、おそらくその存在を意識することは、ほとんどないと思われる。

　しかし、ある一人の女性が出現したことで、日本人は急速にイギリス王室に親近感を持ち、憧れの感情を抱くようになった。

　そう、プリンセス・ダイアナ、ウェールズ公妃ダイアナである。

世界一のファーストレディ

　ダイアナ妃は、イギリスの王位継承権第1位のウェールズ公チャールズ王太子と1981年に結婚。王位継承権第2位のケンブリッジ公ウィリアム王子と第4位のサセックス公ヘンリー王子を生んだ後、1996年に離婚。その翌年、パリで交通事故により死亡している。

　ダイアナの夫であるチャールズは、結婚以前から交際していたカミラ・パーカー・ボウルズとの不倫を継続していた。これが理由でダイアナは不安定な精神状態となり、自分の腕や太ももをナイフで切る自傷行為や、過食と嘔吐を繰り返す摂食障害があったという。自叙伝や雑誌・テレビのインタビューで明かしているが、その原因はチャールズの不倫に対する不信と、王室内でのダイアナへの風当たりの強さであった。

　結婚後、二人は日本をはじめとする諸外国を訪問し、各国で熱狂的な歓迎を受けた。いわゆる「ダイアナ・フィーバー」であるが、その賛辞の多くはダイアナの美しさに対するもので、チャールズにとってはそのこともダイアナから心が離れる原因のひとつとなっていたのかもしれない。

　まるで絵本に出てくる理想のカップルのような二人であったが、ダイアナの心が夫の不倫に対する愛憎の中で壊れつつあったことは、この時点では外部から窺い知ることはできなかったであろう。

　そしてダイアナとチャールズは1996年に離婚する。

酔うはずもない運転手と通常ではありえない不可解なコース

事故現場へのルート

アンリ・ポールの運転で普段は通らない下記の赤ルートを通り、パパラッチに追跡された果て、トンネル内で交通事故となる
凱旋門付近のシャンゼリゼ大通りに恋人ドディのアパートがある
凱旋門
シャンゼリゼ大通り
このルートの方が実際は近い距離
ホテル・リッツ・パリ
Accident
コンコルド広場
事故現場となったトンネル

（『別冊宝島 スーパースター怪死事件簿』より引用）

なお、これは余談であるが、チャールズは、ダイアナと付き合う以前にダイアナの姉と交際していた時期もある。チャールズのプレイボーイぶりは、その真面目そうな見た目とは裏腹で、若いころから奔放な女性遍歴を持っていたという。

離婚後も注目されるダイアナ妃

離婚後のダイアナは、それ以前からおこなっていた対人地雷廃止運動や、エイズ啓発運動などの慈善活動を活発に行っている。

その後、ダイアナはパリの実業家、エジプト系イギリス人のドディ・アルファイドとの交際を本格化させる。

ドディは、イギリスのデパート・ハロッズや、ホテル・リッツ・パリの所有者として知られる大富豪のモハメッド・アルファイドの息子だが、彼の母は武器商人のアドナン・カショギの妹であった。

そして、ダイアナとドディが間もなく結婚するといわれていた1997年8月31日、二人は交通事故で死亡するのである。

この事故は、公式には取材で追いかける執拗な記者（パパラッチ）から逃げるため、酒に酔った運転手がスピードを出しすぎて運転を誤ったとされている。

しかし、いくつかの点でこの事故には疑問が呈されている。

まず、ホテル・リッツ・パリからドディのアパートまでの最短ルートを、この日なぜか使っていないということである。

また、運転していたホテル・リッツ・パリの警備副部長のアンリ・ポールの血液検査の結果だが、アルコールレベルが、法的限度の2〜3倍と泥酔レベルであったとされる。が、ホテルの警備副部長が、社長の車を運転するのに泥酔であるということがありえるのだろうか。さらに、事故直前の映像が残されているが、アンリの様子に酔っている雰囲気はなく、飲酒していたとは考えられない。

それだけではない。事故で大破したベンツに、フィアット・ウーノの白い塗料が付着していたが、目撃証言によると、白い車がダイアナの乗った車の前方をふさいだというものがある。これを避けようとして事故を起こしたと考えられるが、フィアット・ウーノに関しては、警察は特に調査をしていないという。

2000年5月。ジェームズ・アンダーソンというカメラマンが、自殺したというニュースが流れた。

彼は、収入には不釣り合いな車、フィアット・ウーノを所有したことを周囲に吹聴していた。また、自殺のはずのジェームズの頭部は切り落とされていて、額には銃弾の痕があった。同時にこれらをおこなったジェームズは、かなり器用で、なおかつ強い精神力があったのだろうか。

なお、フィアットの真の持ち主は、別の人物であったことがアメリカのジャーナリストにより突き止められた。フィアットは、事故直後に白から赤に塗り替えられ、今は売却されているという。

単なる事故としては不可思議な事実

不可解なことはほかにもある。事故現場のダイアナの写真を配信しようとしたリオネル・シェリュオールというカメラマンの自宅に何者かが侵入し、写真が入っていたハードディスクやPC類が、すべて持ち去られるという事件があった。

これら情報から考えると、ダイアナとドディの乗ったベンツは、なんらかの意図を持った組織により、故意に事故を起こされたのではないかという疑惑が生まれてしまう。

実は、この時期のダイアナは、とても不安定な立場になっており、その存在を否定したいと考える人々は、少なからず存在していた。

まず、元イギリス王妃が、イスラム教徒でアラブ人のドディと、

ダイアナの存在を煙たがる人々と利害が一致した各国情報部

婚姻する予定があったということ。さらに、ダイアナは妊娠していたとの観測もある。

　彼女の生んだウィリアム王子は、イギリス国王になる人物。その人物の母がイスラム教徒と結婚し、弟を産むとしたら、イギリス王室としては、これは絶対に避けたい出来事である。

　また、ダイアナは対人地雷廃止運動に参加しており、これを地雷生産している軍需産業が嫌っていた。なお、そこに存在する利権は数百億円レベルの単位である。

　さらに、ダイアナはこの後、事故がなければパレスチナを訪問する予定であったという。多数のメディアがダイアナを追いかけて現地に入り取材した場合、イスラエルがどれだけパレスチナ自治区で非道な行為をしているかが全世界に報道された可能性が高いのだが、これをイスラエルが嫌ったという見方もある。

各国の利害が一致した世紀の謀略か

　ドディはカショギの一族であったが、カショギの元妻は、元首相のウィンストン・チャーチルの孫、祖父と同名のチャーチルと不倫関係にあった。これが発覚したことで、次世代の首相と呼ばれたチャーチルの孫はその道が閉ざされたが、この接近がカショギの意志で行われたことは間違いないだろう。なお、チャーチルの孫の妻は、当時ダイヤモンド利権を握っていたデビアス社支配一族の女性だという。

　ドディのダイアナへの接近も、カショギの妻の不倫も、イギリス政界や王室に影響力を持つための意図的なものなのだろうが、これを王室や政府関係者が排除したいと考えるのも当然と言えば当然である。

　これら状況証拠から、ダイアナの事故は謀殺ではなかったかと噂されているのである。なお、事故を起こしたアンリ・ポールの口座には、フランスの情報部から入金があったことが確認されている。

　情報組織は、時に利害が一致した場合、共闘するといわれている。また、貸し借りの関係を重視し、エージェント同士で国家の利益を損なわないレベルでの協力も多いという。

　イギリス王室の利害を守りたいイギリスのMI6、軍需産業の息がかかったアメリカのCIA、ダイアナの訪問を阻止したいイスラエルのモサド。彼らの利害が一致した場合、それがたとえ大富豪や世界中に知られる女性であっても、運命を変えることはたやすいことになってしまう。

　断定することはできないし、情報組織の行動に決定的な証拠が残っているはずもないのだが、ダイアナの死を考えるとき、どうしても謀殺であったとの推測は、消すことはできない。

　そして人々の意識からダイアナの記憶は薄れ、新しく美しいヒロイン、キャサリン・ミドルトンをウィリアム王子の妻として王室に迎えた。

　まるで何事もなかったかのように。

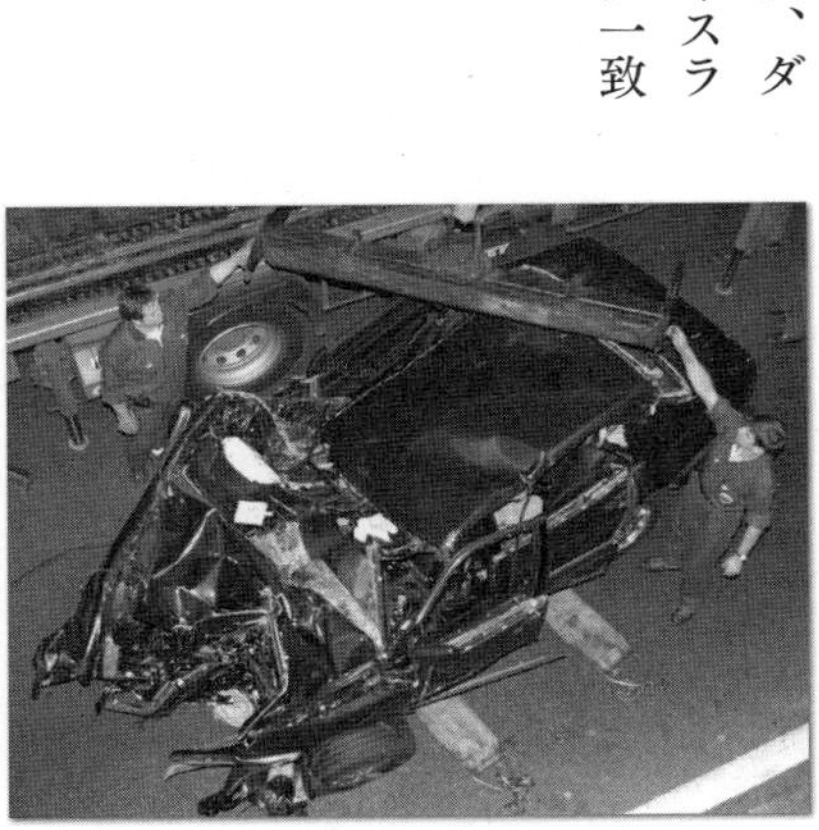

大破したダイアナ妃が乗車していたベンツ

ボガチョンコフ自衛隊情報流出事件

いつの間にか心の中に侵入するスパイたち

悩み落ち込んでいたとき、なぐさめてくれた人物がいた。その人物は、実はロシア軍のスパイ。自衛隊の極秘情報が漏洩していた事件に、日本政府は激震した！

スパイ活動が露見した後、外交官特権を使って帰国したロシアのビクトル・ユーリー・ボガチョンコフ大佐

事件の概要

2000年、海上自衛隊の萩崎繁博三等海佐が、ロシアのGRU（ロシア連邦軍参謀本部情報総局）ビクトル・ユーリー・ボガチョンコフ大佐に自衛隊の内部資料を提供していた。

萩崎は、息子の病気と看病のために、海上勤務を陸上勤務へと変更し、出世コースからは外れていた。その後、息子が死んだこともあり、心が弱っていた隙を突かれ、ボガチョンコフは萩崎の親友のような立場となる。

いつしか、萩崎は自衛隊の情報をボガチョンコフに当たり前のように渡す存在となっていた。

在外公館職員には、外務官僚だけではなく、各国の情報部員が多数まぎれている

スパイ、あるいは工作員と呼んだ場合、秘密裏に行動し、非合法行為もものともしない活動を想像するのが一般的ではないだろうか。わかりやすくいえば、映画『００７』のジェームズ・ボンドの役どころ。命をかけ、銃撃戦をして情報を奪って逃げ帰る。そんなスパイは、実はほとんど存在しない。

多くのスパイは、合法と非合法の隙間で活動しつつ、自身の立場の安全は確保しているものである。そういったスパイの代表的存在が、外交官工作員である。

在外公館はスパイの基地

大使、公使、外交官付きの職員などは、赴任国の制限・法による関与を受けない外交官特権によって、身柄の自由が担保されている。各国は、この大使館員を使い、日夜激しい情報戦を繰り広げている。

もちろん、日本でも在外公館に多数の職員を送っているが、それらのうちのかなりの比率が、情報組織のエージェントにより占められているという。

日本の場合でいえば、在外公館には、警察庁、内閣情報調査室、外務省からそれぞれ情報組織のエージェントが入り、駐在武官として防衛省情報本部からも人が送られる。

要するに、大使館員はかなりの比率で情報組織の人間ということになるのだが、それは万国共通の事象である。

写真は自衛隊の富士総合火力演習でのヒトコマである。各国の駐在武官が招待され、駐日米軍、自衛隊らと交流するのだが、彼らのほとんどが情報組織のエージェントと思っていいだろう。各国の軍隊の制服が一堂に会するのは壮観ではあるが、彼らが心の中では火花を散らしていると考えると、恐ろしい場所のようにも感じられてしまう。

弱みを握った上で偶然を装って出会う

ボガチョンコフ事件は、スパイ行為が発覚した事件として大きく取り上げられたが、実は氷山の一角であり、日本国内では、毎日のように各国の情報部員が情報を求めて活動をしているのである。

この事件で逮捕された萩崎繁博三等海佐は当時、防衛大学校の総合安全保障研究科でロシア海軍に関する研究を行っていた。

ボガチョンコフと萩崎の最初の接触は、１９９１年１月に防衛研究所によって開催された「安全保障国際シンポジウム」だったという。当時、萩崎は息子が大病を患い、看病のため自身が希望して海上勤務から陸上勤務に転属になった直後である。

海上自衛官の多くが海での活動にあこがれ、将来は艦長をと望んで勤務するものである。萩崎は憧れの海上勤務から陸上勤務へと移り、なおかつ出世コースからも外れ、さらには息子の看病もあって、かなり精神の消耗が激しかったと推測されるが、ここにボガチョンコフは付け込んだ。

ボガチョンコフは萩崎に同情し、家族ぐるみのつきあいをする親密な仲になっていく。

自衛隊の公開演習で、招待席に移動する各国の駐在武官たち

横須賀に停泊中の護衛艦こんごう（左）と護衛艦いかづち（右）　海上自衛官にとって、護衛艦での海上勤務こそ憧れの職種である

萩崎が新興宗教に入信すると、ボガチョンコフは精神的な相談をも受けるようになる。

萩崎の長男が死去したとき、ボガチョンコフは萩崎に香典約10万円を送るなど、強い親近感を見せている。その後はさらに接触の機会が増え、二人は自然に食事や飲酒の席を同じくする仲となり、この頃からボガチョンコフの情報提供の申し入れが増え始めている。最初は刊行されている書籍などを借りるだけであったが、次第に教本、内部資料と少しずつ重要度の高い資料を借りるようにして、いつしか情報漏洩と呼べる状況を生み出した。

スパイ行為が発覚するも ボガチョンコフは出国

1999年9月、ロシア駆逐艦「アドミラル・パンテレーエフ」が神奈川県・横須賀に入港した際のセレモニーで、萩崎は日本側通訳を担当する。このとき、ボガチョンコフがGRU（ロシア連邦軍参謀本部情報総局）の工作員でないかと嫌疑をかけ内偵していた神奈川県警外事課は、萩崎との接触を確認。萩崎を監視対象として、警視庁公安部外事第一課とともに合同捜査本部を設立する。

2000年6月、萩崎が東京都渋谷区の飲食店で内部資料のコピーを渡したのを確認して、公安警察は捜査態勢を固め、9月に東京都港区のバーで二人の身柄を確保した。

萩崎はそのまま拘束され任意同行後に逮捕。ボガチョンコフは外交官身分証を提示、任意同行には応じなかった。

合同捜査本部は、外務省を通じて在日ロシア連邦大使館に対し、ボガチョンコフを警視庁に出頭させるよう要請。

しかし、同日夕刻まで出頭しなかったことから、外務省に対しボ

ロシアのインテリジェンス・コミュニティ

GRU（ロシア連邦軍参謀本部情報総局）は、ロシア帝国時代の海軍内にあった情報組織から連綿と続く、伝統ある機関である。軍が管轄し、駐在武官として各国に潜入するケースも多い。

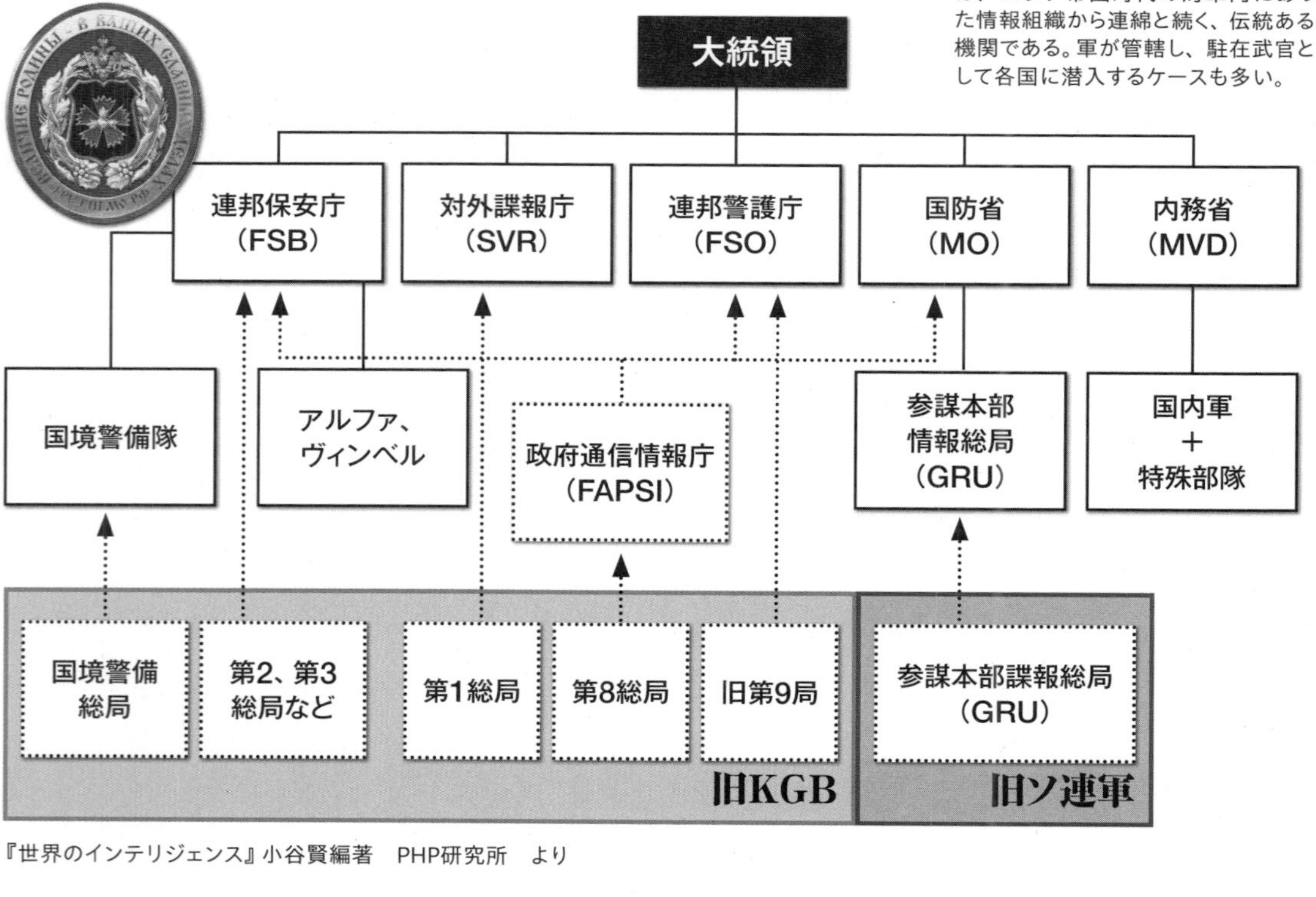

『世界のインテリジェンス』小谷賢編著　PHP研究所　より

自衛隊法は他国の軍法と比較すると情報漏洩に対する処罰が驚くほど軽い

ガチョンコフのPNG（ペルソナ・ノン・グラータ）通告を含む所要の外交措置を取るよう申し入れを行った。

PNG通告とは「当該者は歓迎すべからざる人物である」とする通告で、受入国が取ることのできる唯一の外交官待遇拒否である。

ボガチョンコフは2日後、アエロフロート便で出国、ロシアに帰国する。

日本政府には、外交官であるボガチョンコフの身柄を確保する権限がなく、ボガチョンコフはゆうゆうと帰国している。

ロシア側の説明では「予定された任期であり事件とは無関係」と発表。日本国政府は遺憾の意を表明し、ロシア側に抗議した。

この後、関係は説明されていないが、自衛官らのロシア訪問が延期されたが、これも日本政府によるわずかばかりの抵抗であった。

ロシアも日本の一連の動きに対し外交官退去も検討したが、政治的理由から問題の拡大を避け、その後の両国の活動に大きな影響はなかった。

守秘義務違反という驚愕の微罪

萩崎は自衛隊法の守秘義務違反で起訴され、免職。懲役10ヶ月の実刑判決を受けたものの、ボガチョンコフの出国により漏洩情報が確定できない恐れが発生した。萩崎の自宅が捜査され、数百点の証拠が押収され、自衛艦建造計画、米軍との共同情報がロシアに渡ったことが確認された。

国によっては反逆罪で死刑まであり える事件であったが、懲役10ヶ月とはありえないほどの軽い刑罰である。日本がスパイ天国と揶揄されるのも、わかろうというものである。

当時、自衛隊の部内文書には重要度の順に「機密」「極秘」「秘」の3段階と、通達で定める「部内限り」「注意」の計5段階があった（※）。この「秘」以上は特別に保管され、三佐の階級では触れることができないとされていたが、漏出した文書には「秘」指定の「戦術概説」が含まれていた。その後の調査で、同じものを海自幹部21人がコピーしていたことが確認され、防衛省は52人を処分している。

この直後、防衛庁（現防衛省）は秘密保全態勢の再構築を行い、２００３年に調査隊を改組して防諜を主任務とする情報保全隊を設立する。なお、２００９年には防衛大臣直轄の自衛隊情報保全隊に改組している。

報道では萩崎が金品を受け取ったとされているが、金額そのものは58万円であり、決して高額ではない。懲戒免職により失った退職金などの方が高額である。萩崎を弁護するわけではないが、彼は金が目当てで情報を渡していたわけではない。彼は、心が弱っていたときにその隙間に入り込まれ、そして洗脳されてしまったのだ。彼の中では、親友のために、心から涙を流しつつ資料を手渡していたのだろう。

なお、２００１年、在日ロシア大使館に新しい館員が赴任してきた。セルゲイ・ボガチョンコフ、ユーリー・ボガチョンコフの息子である。公安はセルゲイをGRUのメンバーとして断定。監視下においたが、外交官特権の壁を越えることはできない。合法工作員は、非合法工作員より扱いづらく、やっかいな存在なのである。

※現在、省秘及び特定秘密もあり、秘密保全態勢は強化されている。

2006年

元諜報員・リトビネンコ毒殺事件

秘密を知るスパイを組織が口封じに暗殺

かつてプーチンが長官を務めたロシア最大の諜報機関「ロシア連邦保安庁」。その元工作員が口封じに毒殺された。背後にはロシア政府の恐るべき政治スキャンダルがあった。

アレクサンドル・リトビネンコ。1998年11月17日の記者会見でFSB（元KGB）によって様々なテロが組織されると主張した

事件の概要

ロシア連邦保安庁（FSB）の元エージェント、アレクサンドル・ヴァリテラヴィチ・リトビネンコが、亡命先のロンドンで毒殺された。

リトビネンコは自著で「99年にロシア国内3都市で発生して300人近い死者を出した連続爆破事件はチェチェン独立派武装勢力のテロとされていたが、実は分離独立を認めたくないロシア政府がFSBを使って仕組んだ自作自演のテロだった」などと暴露。

それ以外にも政治スキャンダルの告発を続けた。その後、ロンドンに亡命。2006年11月1日、友人の謎の死を究明するため、イタリア人教授を名乗る人物とロンドンのピカデリーサーカス周辺で会食。直後に体調が悪化し病院に収容。数日後に死亡した。

プーチン率いるＦＳＢが犯した殺人事件!?

２００６年11月、ロシアの諜報機関「ロシア連邦保安庁（ＦＳＢ）」の元将校、アレクサンドル・リトビネンコが、亡命先のロンドンで何者かにより毒殺された。43歳だった。

毒殺に使われたのは、ポロニウム２１０という放射性物質である。ポロニウムは当時、９割以上がロシアで生産され、かつ極めて高価な物質だった。リトビネンコの体内からは致死量の10倍を超える量が検出されたが、その量の価格を円換算すると１~２億円になったという。つまり、一般のマフィアなどがおいそれと買える品ではなかったのだ（※１）。

リトビネンコは誰に殺されたのか。彼はなぜ狙われなければならなかったのか。

実は、命の危険を感じていたリトビネンコは、遺言を残すかのように死の５年前からロシアの映画監督、アンドレイ・ネクラーソフの取材を受け続けていた。その記録映像は『暗殺・リトビネンコ事件』のタイトルで映画化され、07年のカンヌ映画祭で上映され、大きな反響を巻き起こした。

映像の中でリトビネンコは次のように語っている。

「ＦＳＢの実態は政治的な秘密警察。プーチンもかつてはＦＳＢの長官だった。ＦＳＢは必要であれば戦争すらしかける組織なのだ」

ロシア最大の諜報組織ＦＳＢ かつてプーチンも長官だった

そもそも、ＦＳＢとはどんな組織なのか。

旧ソビエトにおける共産党の統治体制を支えてきたのは、世界一巨大なインテリジェンス機関「ＫＧＢ（ソ連国家保安委員会）」である。そのＫＧＢがゴルバチョフ時代のペレストロイカ（改革）で91年に解体されると、組織は役割ごとに分割。その中で国内の防諜任務の部局を引き継いだのがＦＳＢである。

リトビネンコは88年にＫＧＢの防諜部門に入庁して以来、ＦＳＢへの改編後も一貫して諜報畑を歩き続けてきた。

また、98年にＦＳＢ長官に就いた現大統領のプーチンも、もともとはＫＧＢの出身だった。しかし、91年の解体後は諜報機関にいったん見切りをつけ、政治家へ転向。大統領府勤務などを経た後、ＦＳＢの長官という形で再び諜報機関の世界に舞い戻ったのである。

ＦＳＢはその後、プーチン長官のもとで組織を急速に拡大。国内防諜にとどまらず、周辺諸国の監視任務や国境警備などの部署も吸収合併する形で移管させた。現在、ＦＳＢはＫＧＢに逆戻りしたかのように、ロシア最大の諜報機関として君臨。膨張を続けている。

元将校のリトビネンコは腐敗を暴いて殺されたのか

「ＦＳＢのＫＧＢ化」を憂うかの

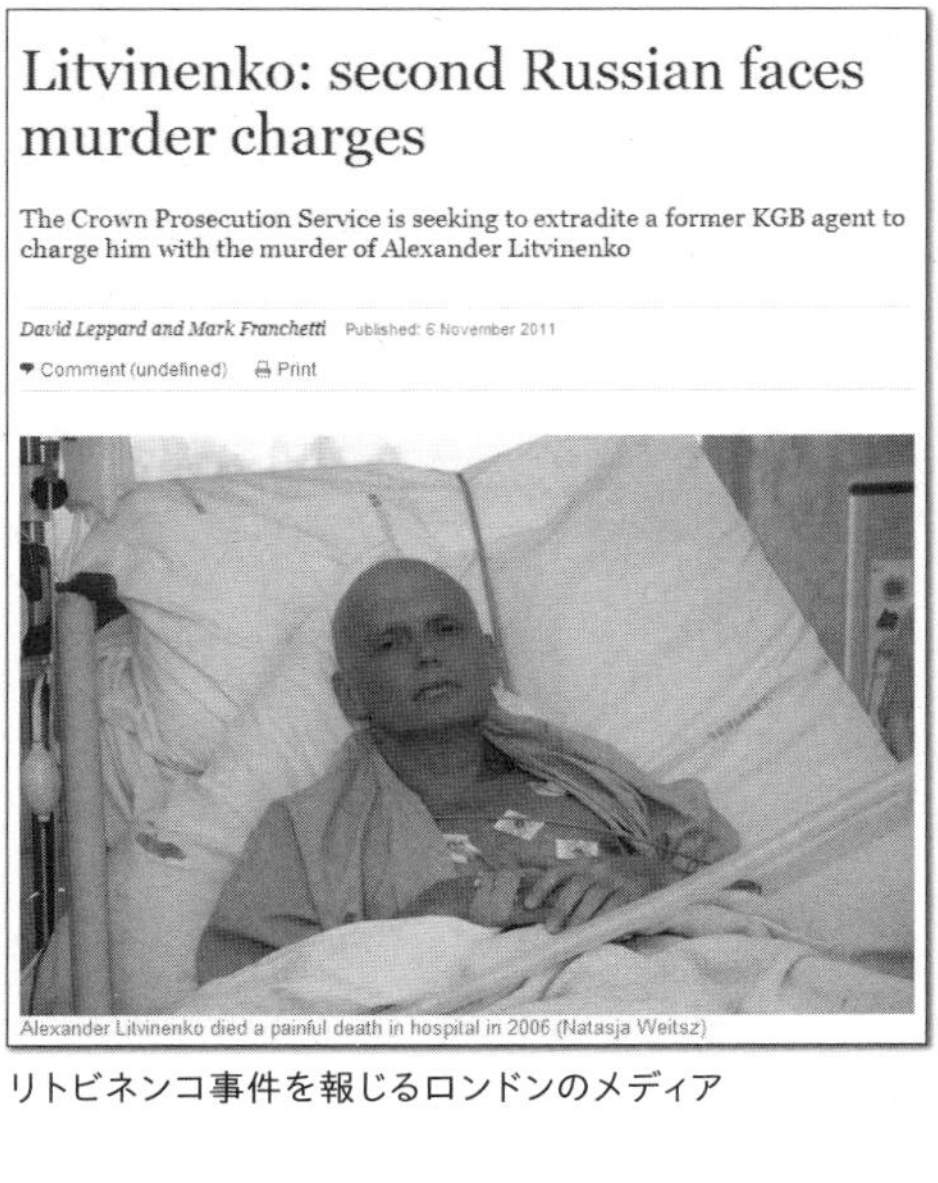

Litvinenko: second Russian faces murder charges

The Crown Prosecution Service is seeking to extradite a former KGB agent to charge him with the murder of Alexander Litvinenko

David Leppard and Mark Franchetti Published: 6 November 2011

Comment (undefined)　Print

Alexander Litvinenko died a painful death in hospital in 2006 (Natasja Weitsz)

リトビネンコ事件を報じるロンドンのメディア

ように、リトビネンコは98年に出演したロシアのテレビ番組で次のように批判している。

「FSBの腐敗は進んでいる。この流れを今止めなければ、ロシアはスターリン時代より間違いなくひどい時代に突入するだろう」

また、同じ年の記者会見で、プーチンの政敵だった政商の暗殺指令をリトビネンコが受け、これに反発したリトビネンコと上司（FSB副議長）との間で激しいやりとりがあったことを明かしている。上司は他の工作員がいる前で興奮気味にこう罵ったという。

「おまえはロシアの政商（プーチンの政敵である人物）を一人殺す愛国心すらないのか」

「組織内部のことをメディアに告発するなんてやめることだ。やめると約束するなら出世も考慮する。絶対やめるんだ」

リトビネンコは当時のFSBにとっては極めて扱いづらい邪魔な存在になっていたようだ。そして、この当時の長官がプーチンだったのである。プーチンはこのとき、リトビネンコの〝反乱〟をどのような視点から見つめていたのだろうか。

チェチェン紛争はロシア政府のやらせ？

リトビネンコはその後、職権乱用などの罪で二度逮捕されると、釈放後の2000年11月、家族を連れてイギリスへ亡命。亡命先からもロシア政府とFSBへの批判、告発をやめようとしなかった。

そしてついに、リトビネンコは衝撃的な事実を告発する。チェチェン戦争におけるFSBの暗躍である。

ロシアは99年、ロシア国内におけるチェチェン人によるテロ行為を撲滅することを理由に、チェチェンに軍事侵攻した。第2次チェチェン戦争である。

リトビネンコは02年、FSBの裏側を克明に綴った本を出版。その中で、チェチェン戦争の引き金となった爆破事件（※2）が、実はFSBの裏工作によるものだったと暴露したのである。日本語訳では次のように書かれている。

「テロリストは的確な量の爆薬を

犯人の引き渡しを拒否したロシア政府

リトビネンコの著書は日本語にも翻訳されている。『ロシア闇の戦争』（光文社、アレクサンドル・リトヴィネンコ）

モスクワ劇場占拠事件を特番で報じるロシアのテレビ局。この事件がFSBの自作自演だとの疑いが出ているという

仕掛け、標的をみごとに全壊させた。結果として、計画は拍子抜けするほど単純なものだと判明した。（略）ＦＳＢの自作自演だったのだ」（『ロシア闇の戦争―プーチンと秘密警察の恐るべきテロ工作を暴く』［光文社］より）

同じ時期に起きたロシアの主な暗殺事件

2004年	ウクライナ大統領候補　ユシチェンコ氏　**毒殺未遂** 元チェチェン独立派大統領代行　**爆殺**
2005年	元チェチェン独立派大統領　**射殺**
2006年	ジャーナリスト　ポリトコフスカヤ氏　**射殺** 元FSB将校　リトビネンコ氏　**毒殺**

ロシア国内で頻繁に起きていたチェチェン人による仕業と見られていた爆弾テロが、チェチェンの分離独立を認めたくないロシア政府の自作自演だったというのだ。数百人の民間人が死んだテロが政府の〝やらせ〟だとしたら国際的な大スキャンダルである。この暴露は世界中に大きな衝撃を与えた。

そして06年11月1日、リトビネンコは、自称イタリア人教授とロンドンの寿司店で会った直後に体調を急変させ、23日に死亡するのである（※3）。

200人以上の識者が謎の死を遂げるロシア

命を奪われたのはリトビネンコだけではなかった。リトビネンコの友人でジャーナリストのアンナ・ポリトコフスカヤは、チェチェンにおけるロシア政府の暗躍を報道してきた一人だった。アンナはリトビネンコの映画にも出演し、チェチェン人テロリストの一人がなぜかプーチン政権のスタッフとして働いている事実を暴露している。そして、リトビネンコの死の直前の10月、アンナは何者かに銃で撃たれて殺されてしまう。

ロシアでは政権に批判的な人物が不慮の死を遂げる事件が珍しくない。プーチン長官時代だけで200人を超える高名な識者やジャーナリストが毒殺や原因不明の事故で死んでおり、その多くがＦＳＢの暗殺専門部局による仕事だと見られている。

イギリス検察当局は07年、リトビネンコ殺害の犯人として、元ＫＧＢ将校のアンドレイ・ルゴボイを起訴。ロシア政府に身柄引き渡しを求めたが、ロシア側は「憲法によりロシア市民の受け渡しは不可能」と拒否している（※4）。

ロシアは今後、どこへ向かおうとしているのか。ソ連崩壊直後のわずかな期間、民主化の空気が流れたかに見えた大国だったが、今やプーチンを皇帝にいただく帝政ロシアへ逆戻りしている。「力がすべて」の論理は19世紀から一貫して変わらず、そのために諜報組織がフルに活躍する点もまさに帝政ロシアなのかもしれない。

語句解説

※1
捜査には英国の防諜機関ＭＩ－５とＭＩ－６も参加。英誌タイムズは「動機、手段、機会の全てがロシアＦＳＢの関与を物語っている」と報じた。

※2
著書の中で「1999年にモスクワなど国内3都市で300人近い死者を出した高層アパート連続爆破事件は、チェチェン独立派武装勢力のテロとされていた。しかし実は、第2次チェチェン侵攻の口実を得ようとしていたプーチンを権力の座に押し上げるために、FSBが仕組んだ偽装テロだった」と記している。

※3
2006年11月1日、リトビネンコは友人でジャーナリストのアンナ・ポリトコフスカヤの殺害事件の真相を究明するため、イタリア人教授を名乗る人物とロンドンのピカデリーサーカス周辺の寿司店で会食。直後に体調が悪化して病院に収容された。

※4
ルゴボイは07年12月に行われたロシア下院議員選挙で極右政党・ロシア自由民主党の候補者として当選している。

テレビの司会もするアンナ・チャップマン

2010年

女諜報員アンナ・チャップマン事件

FBIが逮捕した美しすぎるロシアのスパイ

FBIが11人のスパイグループを逮捕。その中の一人、妖艶なルックスとミステリアスな過去を持つ一人の自称女性企業家が、アメリカに一大ムーブメントを巻き起こす。

アメリカで、ロシアのスパイとして活動を行っていた11人のグループが米連邦捜査局（FBI）に一斉検挙される事件が発生。そのうち一人の女性が「美しすぎる」として、米インターネット上などで大きな話題となった。2010年6月27日のことだった。

女性の名はアンナ・チャップマン。表向きはマンハッタンの不動産会社とベンチャー企業を経営する女性社長を演じ、アメリカとロシアを頻繁に行き来していた。逮捕をされる数ヶ月前、核弾頭開発

事件の概要

2010年6月27日、アメリカなどで11人のスパイグループがFBIに摘発される。ロシア対外情報庁（SVR）に所属するスパイたちだった。その中に、女性企業家として10年ほど前からアメリカを出入りし、ニューヨークにもオフィスを構えていたアンナ・チャップマンも含まれていた。アンナの最大の特徴は美しい容姿だった。

逮捕の報道写真を見たアメリカのネットユーザーは熱狂し、日本でも「美しすぎる女スパイ」として話題になる。その後の調べでアンナの父親が元KGBの諜報員で、ロシアの政府筋の人間であったことも判明。IQ162説など真偽不明な情報も飛び交い、同時期に上映された女スパイ映画との相乗効果もあって、アメリカではアンナブームが巻き起こった。

国民的スターになったアンナ・チャップマン

計画の情報を収集するためにアンナは入国していたのだ。

実は、アンナの父親もスパイだった。元KGBの諜報員で、外交官を務めたワシーリー・クシチェンコがアンナの父である。常にボディーガードをつける警戒心の強い人物である。

一方、FBIはアンナを含むスパイグループを10年程前からマークしており、アンナが07年にIT関連の会社を設立してニューヨークに移住した動きも把握していた。

アンナと接触したロシア人男性がニューヨークの国連本部に戻っていく様子などや、マンハッタンのカフェでアンナがパソコンを広げ、ワイヤレス通信でロシア対外情報局関係者とデータのやりとりをしている模様なども、FBIはしっかりと監視・記録していたという。

美しすぎる女スパイは本国ロシアでもアイドルに

あるときは、ロシア領事館職員を装ったFBIのおとり捜査員がアンナに接触し、「別のロシア人諜報員に偽造パスポートを渡してほしい」とダミーの依頼をしたこともあったという。このときは、不審に感じたアンナが父親に連絡し、「行動は控えろ」との忠告に従い寸前で断っている。

ただ、このときアンナはおとり捜査員に対し、「2日以内にモスクワへ逃げるつもり」と話しており、FBIはこれをもとに逮捕を早めたようだ。

アンナの逮捕から1ヶ月後、偶然にもロシアの女スパイを題材にした映画『ソルト』が公開され、アンナ事件はさらにフィーチャーされる。映画の主人公が二重スパイだったことから「アンナは米ロの二重スパイ」「あの事件そのものが映画の壮大なプロモーションの一環だった」などというトンデモ論や陰謀論がネット上で飛び交った。

スパイであるうえに妖艶な容姿、ロシアという国籍、IQが162という噂……。ミステリアスな女諜報員のブームはますます熱を帯びたのである。

実はたいしたスパイではなかった

一方、アンナのスパイとしての職務は、それほど重要なものではなかったという。ある捜査関係者は「チャップマンはスリーパーという待機要員。何かあったときに簡単な仕事をするだけ。メッセンジャーとかね」と語る。他の関係者も「アンナが運んだ情報はテレビやネットで得られるものばかりだった」と証言している。

実際、アンナはアメリカへ初めて入国してから逮捕されるまで、ほぼすべての活動を米当局に把握されていた。スパイとしての能力は、お世辞にも優れているとは言えないだろう。

しかし、そんな〝抜けている〟部分が、まさにアンナというキャラクターの魅力のひとつだったのかもしれない。

逮捕はされたものの、さほどのスパイ行為も働けなかったアンナの罪は重くなく、ロシアへ強制送還という形で決着がつく。

ロシアといえば、元KGBのプーチンが大統領になるお国柄。凱旋帰国したアンナをロシア国民は熱狂的に受け入れた。男性誌でピストル片手にセミヌードを披露したり、テレビの司会も務めたりと、やりたい放題。第二の人生を謳歌した。ロシアのある議員は次のように言う。

「チャップマンはマスコット。人気が高まればロシアのイメージも高まる。これは国策だよ」

2013年

スノーデンによる国家安全保障局の盗聴告発

情報組織の実際の活動が暴露された！

国家安全保障局の元職員スノーデン容疑者による暴露情報は、世界に衝撃を与えた。同盟国の大使館、政府高官まで盗聴されていた事実は、諜報というものの恐ろしさを我々に再認識させた。

アメリカ国家安全保障局（NSA）による個人情報の違法な収集を暴露したエドワード・ジョセフ・スノーデンに対し、米司法当局より逮捕命令が出されているが、8月1日にロシアは亡命の一時受け入れを許可している（ロイター/アフロ）

アメリカ中央情報局（ＣＩＡ）および国家安全保障局（ＮＳＡ）の元職員、エドワード・スノーデン容疑者が、各国のメディアに彼が関わった情報収集活動に関する情報を暴露した事件は記憶に新しい。ロシアから臨時亡命許可が下りたのは8月1日だが、その後、3年間の期限付き住居権を得て、ロシアに居住。そして、2度の更新後ロシア国籍を取得した。

ちなみに、彼の所持している情報がどのレベルなのか、まだ完全にはわかっていない。また、どこ

事件の概要

エドワード・ジョセフ・スノーデン容疑者は、国家安全保障局（NSA）によるインターネットなどからの大量の情報収集や、各国大使館の通信傍受などの実態を公開。彼に対し、米司法当局より逮捕命令が出されていたが、その後、ロシアへ亡命。現在、ロシアで家庭を持ち国籍も取得。

彼の一連の行動には、世界各国で勇気ある行動として称賛の声と、反対にロシアや中国側のスパイとして批判する声もある。

しかし、国家によるインターネットを使った国民の監視と情報収集の暴露は大きな意味を持った。これによって、アメリカ政府も情報活動の縮小を図らざるを得なくなったからだ。

あらゆる通信を傍受していたNSA その行為に同盟各国から強い批判

までロシアがつかんでいるかも不明である。

あらゆる情報を収集する アメリカの情報組織

アメリカが構築した情報収集ネットワーク「エシュロン」や、NSAが構築したインターネット監視システム「プリズム」を使い、スノーデンは世界中のあらゆるサーバーから、自由にメールや写真の利用記録、銀行のATMの引出記録などを収集できたという。

それだけではなく、携帯電話の通話や、各国の在外公館の電話やメールも傍受していたことを彼は暴露しているが、同盟国の通信まで傍受していたことに、各国は激怒し、そして同時に困惑している。

NSAは、深度数百メートルで、海底ケーブルに傍受のための機械を設置し、米国の暗号機を駆使してその通信を日夜解読しているという。大使館などでは、室内の盗聴器などに神経を使っているが、海底ケーブルから盗聴されたのでは、防ぐことは不可能である。

NSAは、3万人ものスタッフを用いて1日あたり17億件ものメールなどの通信を傍受していたという。この事実はさらに大きな衝撃を与えた。

これもスノーデンが公開した情報からわかった事実であるが、2009年4月G20の折、英政府通信本部（GCHQ）は24時間体制で通信を傍受し、45人の専門家がそれらを分析していたという。

NSAにその情報が存在していたということは、英米両国が共通認識の上で行ったということになるのだが、日本にはこの事実は伝えられてはいなかったようだ。

同盟国の政府高官すら 盗聴のターゲットに

日本は盗聴される側であったようだが、日本政府はこの件に関して異議を申し入れてはいない。

このとき、GCHQは臨時のネットカフェを設置し、ネットにつないだ各国高官の、パスワード、ログイン情報などを傍受したとされている。

カードでの購入履歴から銀行の入出金、電話の内容まで、NSAはすべてを知ることができるということは、あらゆる人物がNSAに弱みを握られているというのと同義である。

我々がコンビニやスーパーで買い物をするとき、カードを提示することでポイントがたまるというサービスがあるが、そのカードを運営している会社の情報にNSAがアクセスしたとすれば、我々は買い物履歴まで知られてしまうことになる。

その情報をプロが解析すれば、特定の人物の趣味や嗜好だけではなく、現在の経済状態や、悩んでいること、弱みなどもすべて知られてしまうということだ。

我々は、すでに彼らに弱みを握られているかもしれない。ある日突然、情報組織の人間からその弱みを突き付けられ、職場から特定の情報を持ち帰り、彼らに渡せと指示されたとき、どれだけの人間が断ることができるのだろうか。

スノーデンはこう発言している。

「私にはだれでも盗聴できる権限があった。あなたやあなたの会計士、連邦判事、それに大統領でさえも盗聴できた。このようなやり方が正しいかどうか国民が判断すべきだと思っている」

機密漏洩でアメリカから犯罪者として追われているスノーデンだが、彼の行動に賛辞を送る者も少なくない。

一方、ロシア・中国側のスパイであったとも噂されている。真相は不明だ。

参考文献（順不同）

『インテリジェンス　闇の戦争――イギリス情報部が見た「世界の謀略」１００年』（ゴードン・トーマス著　玉置悟訳／講談社）、『最新「中国諜報機関」』（ロジェ・ファリゴ著　永島章雄訳／講談社）、『蠢く！　中国「対日特務工作」㊙ファイル』（袁翔鳴／小学館）、『世界インテリジェンス事件史　祖国日本よ、新・帝国主義時代を生き残れ！』（佐藤優／双葉社）、『世界のインテリジェンス　21世紀の情報戦争を読む』（小谷賢編著／ＰＨＰ研究所）、『インテリジェンスなき国家は滅ぶ　世界の情報コミュニティ』（落合浩太郎編著／亜紀書房）、『スパイの歴史』（テリー・クラウディ著　日暮雅通訳／東洋書林）、『インテリジェンス――機密から政策へ』（マーク・Ｍ・ローエンタール著　茂田宏監訳／慶應義塾大学出版会）、『インテリジェンスの歴史――水晶玉を覗こうとする者たち』（北岡元／慶應義塾大学出版会）、『国境のインテリジェンス』（佐藤優／徳間書店）、『情報戦争の教訓――自衛隊情報幹部の回想』（佐藤守男／芙蓉書房出版）、『自衛隊秘密諜報機関――青桐の戦士と呼ばれて』（阿尾博政／講談社）、『世界の情報機関――軍事スパイの実態』（立花正照／泰流社）、『情報亡国の危機――インテリジェンス・リテラシーのすすめ』（中西輝政／東洋経済新報社）、『Ｇｏｏｇｌｅ Ｈａｃｋｓ 第3版―プロが使うテクニック＆ツール１００選―』（ラエル・ドーンフェスト、ポール・ボシュ、タラ・カリシェイン著　山名早人監訳／オライリー・ジャパン）、『秘録　陸軍中野学校』（畠山清行著　保阪正康編／新潮社）、『陸軍中野学校の真実　諜報員たちの戦後』（斎藤充功／角川書店）、『スパイの世界史』（海野弘／文藝春秋）、『ワールド・グレーティスト・シリーズ　世界を騒がせたスパイたち　上・下』（Ｎ・ブランデル、Ｒ・ボア著　野中千恵子訳／社会思想社）、『諜報機関に騙されるな！』（野田敬生／筑摩書房）、『インテリジェンス　武器なき戦争』（手嶋龍一、佐藤優／幻冬舎）、『幸せな小国オランダの智慧　災害にも負けないイノベーション社会』（紺野登／ＰＨＰ研究所）、『ドイツの秘密情報機関』（関根伸一郎／講談社）、『イギリスの情報外交　インテリジェンスとは何か』（小谷賢／ＰＨＰ研究所）、『日本のインテリジェンス機関』（大森義夫／文藝春秋）、『日本の情報機関　知られざる対外インテリジェンスの全貌』（黒井文太郎／講談社）、『中国の情報機関　世界を席巻する特務工作』（柏原竜一／祥伝社）、『世界のスパイ＆

諜報機関バイブル』（スパイ研究会／笠倉出版社）、『世界スパイ大百科　実録99―恐るべき諜報戦争の真実!!』（東京スパイ研究会監修／双葉社）、『「知」のビジュアル百科27　スパイ事典』（リチャード・プラット著　川成洋訳／あすなろ書房）、『[歴史群像シリーズ]東アジア軍事情勢パーフェクトガイド』（井上孝司、岡部いさく、河津幸英 他著　学研パブリッシング編／学研パブリッシング）、『日本の防衛―防衛白書』（防衛省編／日経印刷）、『航空ファン　第50巻第1号・通巻５７７号』（文林堂）、『航空ファン7月号別冊　グラフィックアクション22　ナチス・ドイツ大百科【政治編②】』（文林堂）、『航空ファン5月号別冊　グラフィックアクション27　ドイツ１９４５ナチス第三帝国の最期』（文林堂）、『ニューズウィーク日本版　２０１３年8月13／20日（通巻１３６１号）』（阪急コミュニケーションズ）、『プーチンと甦るロシア』（ミヒャエル・シュテュルマー著　池田嘉郎訳／白水社）、『ＫＧＢ帝国―ロシア・プーチン政権の闇』（エレーヌ・ブラン著　森山隆訳／創元社）、『揺れる大国プーチンのロシア―ＮＨＫスペシャル』（ＮＨＫ取材班／ＮＨＫ出版）、『徹底解説！誰も知らなかった北朝鮮の本当の軍事力』（宝島社）、『モサド・ファイル―イスラエル最強スパイ列伝』（マイケル・バー＝ゾウハー、ニシム・ミシャル著　上野元美訳／早川書房）、『モサド前長官の証言「暗闇に身をおいて」』（エフライム・ハレヴィ著　河野純治訳／光文社）、『モサド―暗躍と抗争の六十年史』（小谷賢／新潮社）、『モサド情報員の告白』（ビクター・オストロフスキー、クレア・ホイ著　中山善之訳／ＴＢＳブリタニカ）、『北朝鮮秘録　軍・経済・世襲権力の内幕』（牧野愛博／文藝春秋）、『北朝鮮は何を考えているのか――金体制の論理を読み解く』（平岩俊司／ＮＨＫ出版）、『北朝鮮　瀬戸際外交の歴史：１９６６〜２０１２年』（道下徳成／ミネルヴァ書房）、『北朝鮮工作船がわかる本』（海上治安研究会編／成山堂書店）、『あなたのすぐ隣にいる中国のスパイ』（鳴霞、千代田情報研究会／飛鳥新社）、『中国情報部―いま明かされる謎の巨大スパイ機関』（ニコラス・エフティミアデス著　原田至郎訳／早川書房）、『ＪＦＫ暗殺―40年目の衝撃の証言』（ウィリアム・レモン、ビリー・ソル・エステス著　廣田明子訳／原書房）、『衝撃のケネディ暗殺　日米衛星中継』（ＮＨＫ「プロジェクトＸ」制作班／ＮＨＫ出版）、『オズワルド――「ケネディ暗殺犯」と疑惑のＣＩＡファイル』（ジョン・ニューマン著　浅野輔、池村千秋訳／阪急コミュニケーションズ）、『ユリ・ゲラーがやってきた―40年代の昭和』（鴨下信一／文芸春秋）、『自衛隊の闇組織　秘密情報部隊「別班」の正体』（石井暁著、講談社）、『日曜劇場ＶＩＶＡＮＴ上下』（福澤克雄原作、蒔田洋平ノベライズ／扶桑社）、『インテリジェンス用語事典』（川上高司監修　樋口敬祐、上田篤盛、志田淳二郎執筆／並木書房）、『「対日工作」の内幕　情報担当官たちの告白』（時任兼作／宝島社）

著者プロフィール
時任兼作（ときとう けんさく）
慶應義塾大学経済学部卒。出版社勤務を経て取材記者となり、各週刊誌、月刊誌に寄稿。カルトや暴力団、警察の裏金や不祥事の内幕、情報機関の実像、中国・北朝鮮問題、政界の醜聞、税のムダ遣いや天下り問題、少年事件などに取り組む。著書に『特権キャリア警察官 日本を支配する600人の野望』（講談社）『「対日工作」の内幕 情報担当官たちの告白』(宝島社)など。

企画／唐沢康弘
編集／小林大作、中尾緑子
カバーデザイン／妹尾善史 (landfish)
本文デザイン&DTP／ユニオンワークス

防衛省（写真：アフロ）

図解
自衛隊の秘密組織「別班」の真実

2023年12月29日　第1刷発行

著　者　　時任兼作 ほか
発行人　　蓮見清一
発行所　　株式会社宝島社
〒102-8388　東京都千代田区一番町25番地
電話：営業03（3234）4621／編集03（3239）0927
https://tkj.jp
印刷・製本　サンケイ総合印刷株式会社

ISBN978-4-299-04998-8

ついにわかった！世界の黒幕

その最終真実

ウマヅラビデオ＋
コヤッキースタジオ＋
世界ミステリーch ほか

99.9％の日本人が
知らない闇権力の醜悪

「陰謀論」という
権力者たちの嘲笑に、
騙されてはいけない。

「チャットGPT」は人類奴隷化の最終兵器、「安倍元首相暗殺事件」の真犯人の存在、「ダボス会議」が作る世界情勢、「ローマクラブ」の人類削減計画、「外交問題評議会」の世界政府構想……疑惑の事件、組織、人物の真相を全公開！ 世界がわかる88の「真実」。

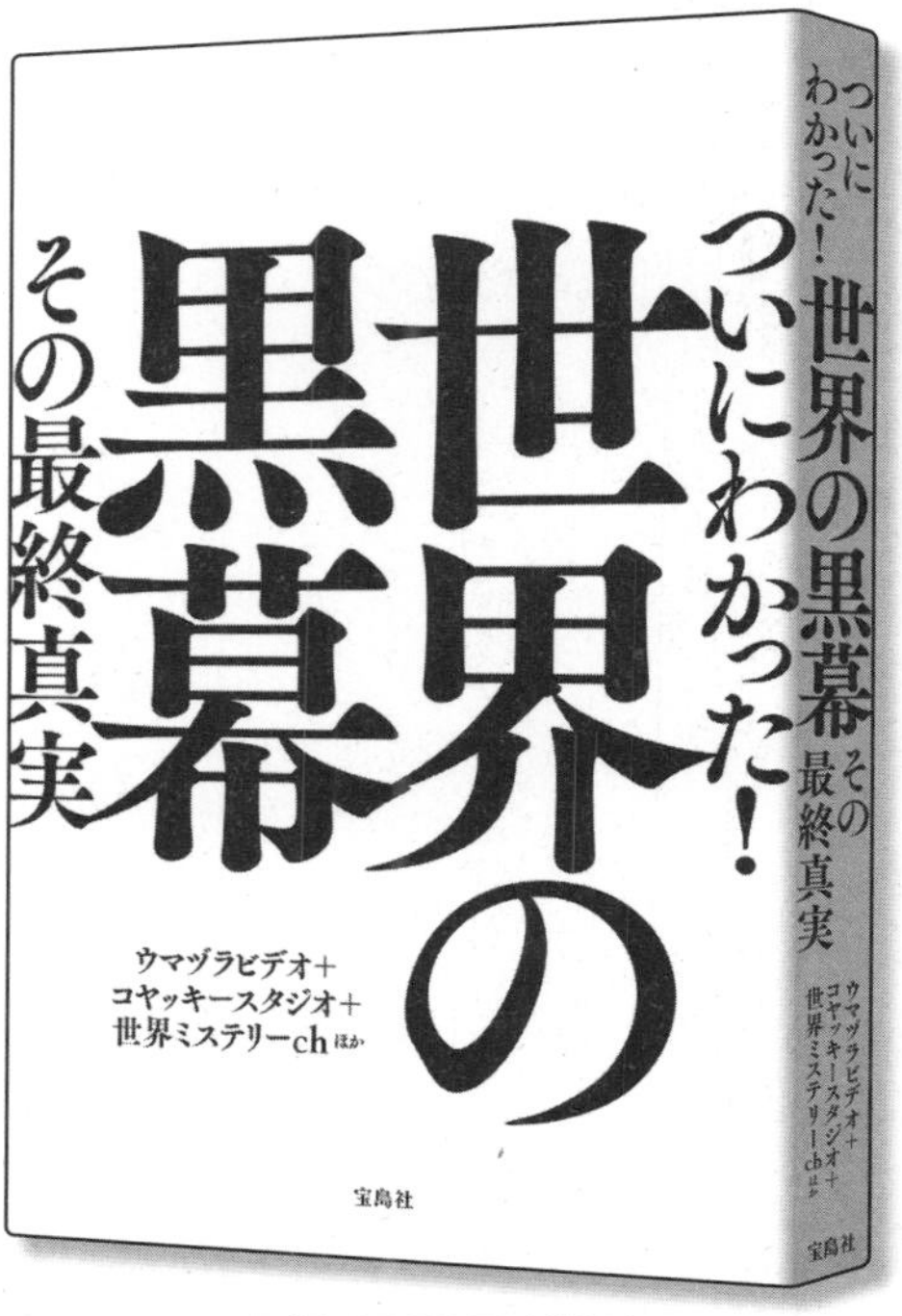

定価 1650円（税込）

宝島社　お求めは書店で。 宝島社 検索

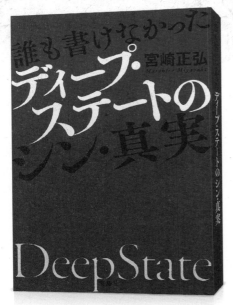